安全生产普及知识百问百答丛书

起重安全知识百问百答

安全生产普及知识百问百答丛书编写组
郭蔚飞 刘泰华 任彦斌 杨 勇 佟瑞鹏
姚作武 焦 宇 王兵建 张 彬 秦 伟
孙 超 柳文杰 刘松涛

插图：罗 艳 陈 杰

中国劳动社会保障出版社

图书在版编目(CIP)数据

起重安全知识百问百答/《安全生产普及知识百问百答丛书》编写组编．—北京：中国劳动社会保障出版社，2012
安全生产普及知识百问百答丛书
ISBN 978-7-5045-9615-4

Ⅰ．①起…　Ⅱ．①安…　Ⅲ．①起重机械-安全技术-问题解答　Ⅳ．①TH210．8-44

中国版本图书馆 CIP 数据核字（2012）第 049537 号

中国劳动社会保障出版社出版发行
（北京市惠新东街 1 号　邮政编码：100029）
出 版 人：张梦欣
*
中国铁道出版社印刷厂印刷装订　新华书店经销
850 毫米×1168 毫米　32 开本　3．875 印张　86 千字
2012 年 4 月第 1 版　　2012 年 4 月第 1 次印刷
定价：12．00 元
读者服务部电话：010-64929211/64921644/84643933
发行部电话：010-64961894
出版社网址：http://www.class.com.cn

目录

目录

流动式起重机安全技术知识/81

起重司索安全技术知识/99

特种作业基础知识

1. 什么叫特种作业？特种作业包括哪些工种？

特种作业，是指容易发生事故，对操作者本人、他人的安全健康及设备、设施的安全可能造成重大危害的作业。

根据2010年7月1日起施行的《特种作业人员安全技术考核管理规定》（国家安全生产监督管理总局令第30号）的特种作业目录，特种作业主要包括电工作业类3种、焊接与热切割作业类3种、高处作业类2种、制冷与空调作业类2种、煤矿安全作业类10种、金属非金属矿山作业类8种、石油天然气安全作业类1种、冶金（有色）生产安全作业类1种、危险化学品安全作业类16种、烟花爆竹安全作业类5种以及由国家安全生产监督管理总局认定的其他作业。共11大类51个工种。

【知识学习】

特种设备是指涉及生命安全、危险性较大的锅炉、压力容

器（含气瓶）、压力管道、电梯、起重机械、客运索道、大型游乐设施和场（厂）内专用车辆。

特种设备目录由国务院负责特种设备安全监督管理的部门制定，报国务院批准后执行。

2. 什么叫特种作业人员？其应当符合什么条件？

特种作业人员，是指直接从事特种作业的从业人员。特种作业人员应当符合下列条件：

（1）年满18周岁，且不超过国家法定退休年龄。

（2）经社区或者县级以上医疗机构体检健康合格，并无妨碍从事相应特种作业的器质性心脏病、癫痫病、美尼尔氏症、眩晕症、癔症、震颤麻痹症、精神病、痴呆症以及其他疾病和生理缺陷。

（3）具有初中及以上文化程度。

（4）具备必要的安全技术知识与技能。

（5）相应特种作业规定的其他条件。

特种作业人员必须经专门的安全技术培训并考核合格，取得《中华人民共和国特种作业操作证》后，方可上岗作业。

【法律提示】

2010年4月26日，《特种作业人员安全技术培训考核管理规定》由国家安全生产监督管理总局局长办公会议审议通过，并以安全生产监督管理总局令第30号公布，自2010年7月1日起施行。1999年7月12日原国家经济贸易委员会发布的《特种作业人员安全技术培训考核管理办法》同时废止。

3. 为什么对从事特种作业的人员执行持证上岗制度？

（1）特种作业是有着较大风险的作业。

（2）特种设备类事故的后果影响着企业效益、人员的生命，重大事故还会造成一定的社会影响。

（3）特种作业安全技术知识、操作规范训练有很强的专业性。

（4）特种作业人员经过培训，取得操作证，持证上岗代表着从业资质。

（5）特种作业人员持证上岗是企业确保安全生产的重大举措。

【法律提示】

《特种设备作业人员监督管理办法》第二十二条规定：《特种设备作业人员证》每4年复审一次。持证人员应当在复审期届满3个月前，向发证部门提出复审申请。对持证人员在4年内符合有关安全技术规范规定的不间断作业要求和安全、节能教育培训要求，且无违章操作或者管理等不良记录、未造成事故的，发证部门应当按照有关安全技术规范的规定准予复审合格，并在证书正本上加盖发证部门复审合格章。

复审不合格、逾期未复审的，其《特种设备作业人员证》予以注销。

跨地区从业的特种设备作业人员，可以向从业所在地的发证部门申请复审。

4. 特种设备安全技术档案包括哪些内容?

特种设备使用单位应当建立特种设备安全技术档案，安全技术档案应当包括以下内容：

（1）特种设备的设计文件、制造单位、产品质量合格证明、使用维护说明等文件以及安装技术文件和资料。

（2）特种设备的定期检验和定期自行检查的记录。

（3）特种设备的日常使用状况记录。

（4）特种设备及其安全附件、安全保护装置、测量调控装置及有关附属仪器、仪表的日常维护保养记录。

（5）特种设备运行故障和事故记录。

（6）高耗能特种设备的能耗测试报告、能耗状况记录以及节能改造技术资料。

【法律提示】

《特种设备作业人员监督管理办法》第二十一条要求：

（1）作业时随身携带证件，并自觉接受用人单位的安全管理和质量技术监督部门的监督检查。

（2）积极参加特种设备安全教育和安全技术培训。

（3）严格执行特种设备操作规程和有关安全规章制度。

（4）拒绝违章指挥。

（5）发现事故隐患或者不安全因素，应当立即向现场管理人员和单位有关负责人报告。

5. 特种作业人员具有哪些权利和义务?

特种作业人员在安全生产方面具有以下权利:

(1)获得安全防护用具和安全防护服装的权利。

(2)了解工作现场和工作岗位存在的危险因素、防护措施及事故应急措施的权利。

(3)了解危险岗位的操作规程和违章操作的危害的权利。

(4)对安全生产工作中存在的问题提出批评、检举和控告的权利。

(5)有权拒绝违章指挥和强令冒险作业。

(6)在作业中发生危及人身安全的紧急情况时,有权立即停止作业或在采取必要的应急措施后撤离危险区域。

(7)获得意外伤害保险的权利。

(8)享有工伤保险的权利。

(9)享有获得工伤赔偿的权利。

特种作业人员在安全生产方面具有以下义务:

(1)遵守有关安全生产的法律、法规和规章的义务。

(2)遵守安全作业的强制标准、本单位的规章制度和操作规程的义务。

（3）正确使用劳动防护用品、机械设备的义务。

（4）接受安全生产教育培训，掌握所从事工作应具备的安全生产知识的义务。

（5）发现事故隐患或者其他不安全因素，立即报告的义务。

【法律提示】

《安全生产法》规定：生产经营单位的从业人员有依法获得安全生产保障的权利，并应当依法履行安全生产方面的义务。

生产经营单位的从业人员有权了解其作业场所和工作岗位存在的危险因素、防范措施及事故应急措施，有权对本单位的安全生产工作提出建议。

从业人员有权对本单位安全生产工作中存在的问题提出批评、检举、控告；有权拒绝违章指挥和强令冒险作业。生产经营单位不得因从业人员对本单位安全生产工作提出批评、检举、控告或者拒绝违章指挥、强令冒险作业而降低其工资、福利等待遇或者解除与其订立的劳动合同。

起重安全通用基础知识

6. 起重机械分为哪几类？各有什么特点？

起重机械大体上分为4大类：

（1）轻、小型起重设备，包括千斤顶、绞车、滑车、环链手拉葫芦等，相对轻便、操作简单、结构紧凑是此类起重设备的特点。

（2）桥式类起重机，包括通用桥式起重机、堆垛桥式起重机、冶金桥式起重机、龙门起重机、装卸桥、缆索起重机、电动葫芦式起重机。

此类起重机械的特点是通过各种取物装置将重物在一定的高度内由起升机构实现垂直升降；由大、小车在一定的空间范围内实现水平移动。

（3）臂架式起重机，包括：运行臂架式旋转起重机，如塔式起重机、汽车起重机、门座起重机、履带起重机、铁路起重机、浮式起重机等；固定臂架式起重机，如悬臂起重机、桅杆起重机等；壁行起重机。

此类起重机械的特点和桥式类起重机相似，只不过它们的水平移动多数是通过臂架旋转实现的。

（4）升降机，包括电梯、升降机、升船机。

此类起重机械的特点是通过导轨实现人员或重物的升降。

【知识学习】

机器基本上都是由原动、传动和工作等3部分组成：原动部分是机器动力的来源，常用的原动机有电机、内燃机、空气压

缩机等；工作部分是机器完成预定动作的关键部位，处于整个传动的终端，其结构形式主要取决于机器本身的用途。

机器一般有以下3个共同的特征：机器是由许多的部件组合而成的；机器中的构件之间具有确定的相对运动；机器能完成有用的机械功或者实现能量转换。例如，运输机能改变物体的空间位置，电动机能把电能转换成机械能等。

7. 起重机司机如何进行交接班？为什么要禁止非司机操作起重机械？

起重机械司机禁止酒后、疲劳状态下作业。接班司机应仔细翻阅交接班记录，了解起重机械各工作机构及安全装置在此前的运行状况，做到心中有数。交班司机应将工作中出现的问题详细介绍给接班司机，然后，一起进行交接班的检查。必须严禁非司机人员操作起重机械，主要原因是：

（1）起重机械机构复杂、结构庞大，驾驶起重机需要较好的技术。

（2）要求操作人员必须熟悉起重机各机构的技术性能。

（3）工作现场情况复杂，有多种不可知性。

（4）多数起重机为电力驱动，没有电气知识的人员操作容易发生触电事故。

（5）操作失误会引发各类事故，严重时会造成重大经济损失、人员伤亡及社会影响。

【相关链接】

起重作业现场，造成安全生产事故的原因很多，但是有很大一部分原因是人为因素，主要体现在以下几个方面：操作技能不熟练，缺乏必要的安全教育和培训；非司机操作，无证上岗；违章、违纪蛮干，不良操作习惯；判断操作失误，指挥信号不明确，起重司机和起重工配合不协调等。总之，安全意识差和安全技能低下是引发事故主要的人为原因，如果出现非司机操作起重机械进行作业，则更容易导致重大事故，因此严禁非专业司机操作起重机械设备和进行作业。

8. 起重机司机在操作中遇到地面人员发出紧急停车信号时该怎么办？

在有多人同时工作的作业环境，司机应服从专人指挥，严禁随意开车。当指挥人员的信号与司机意见不一致时，应发出询问信号，在确认信号与指挥意图一致时方能继续起吊和运行。操作中的起重机械接近人员时，应示以断续的铃声或报警，以示避开。

司机在操作室内距地面较高，向下观看有可能出现视线盲区，也有可能因为司机观察不仔细加上一些突发事件，就会造成事故隐患。

因此，地面任何人员发出紧急停车信号时，司机都应当立即停车，待问清楚情况后方可继续下一步操作。

这里需要说明一点，这些紧急停车信号有可能是喊叫，也有可能造成误解，司机此时应以平和的心态面对，“紧急停车”是常见的也是经常使用的防止安全生产事故的应急措施。

【相关链接】

发生事故需要紧急停车，如发现停不下来或控制失灵，可先拉下紧急开关（或操作开关），再拉下空气断路器，切断电源，待处理好事故再恢复运转状态。

停车操作时，遇突然停电，应拉下总闸刀，各操作手闸推到零位，通电后再按开车步骤开车。

当发生紧急情况时，可切断起重机总电源，立即停车，但当正在吊运液钢时，因制动失效，钢包在重力作用下会自动下降，故千万不能扳动紧急开关，切断总电源，应该用控制器（开到下降最后一挡），使钢包依靠电机力下降。并找安全地方放下，如找不到安全地点，下降到一定高度后，拉到刹车挡再上升，反复上下运行，直到找到安全地方放下为止。

9. 起重机作业中，安全生产的隐患有哪些？

（1）起重机械机构复杂、结构庞大，可同时完成一个或两个起升运动，一个或多个水平移动。操作技术难度较大，经常会出现不同方向、位置的移动，同时进行操作。

（2）就多数起重机而言，其活动范

围、起升高度都比较大，正是因为活动空间较大，所以事故范围也比较大。

（3）起重机外露的零部件较多，而这些零部件往往都是运动的，有的会直接接触地面吊挂人员，存在着一定的危险隐患。

（4）吊物重量差别大、体型各异、形状多样、质地不同等，造成吊运的危险性和复杂性。

（5）作业环境多样化，如热辐射、强磁场、高压线、电缆沟等，都是对人员与设备造成有威胁的因素。

（6）起重机司机与地面吊挂作业人员配合不默契，吊挂人员技术不熟练，都会造成安全事故。

【知识学习】

起重机在工厂、货场、仓库、港口等生产部门占有重要的地位，其工作状况决定着工作效率和生产安全。一旦发生起重安全事故将会影响企业的整体工作，重大或特大事故将会造成恶劣的社会影响，后果是严重的。

10. 常见的起重机安全防护装置有哪些？

起重机安全防护装置是防止起重机在意外情况下损坏的装置。起重机上除常用的电气保护装置、声音信号和色灯外，还有多种其他安全装置。

（1）行程开关。行程开关是防止起重机各种运动机构超过极限位置的安全装置。当各种运动机构到达极限位置时，行程开关被触动，从而切断电源。

（2）缓冲装置和防撞装置。缓冲装置和防撞装置用以吸收开关失灵时起重机或小车撞到终端挡座上时的动能。这种装置

广泛采用橡胶、弹簧和液压式的缓冲器，其中液压式缓冲器用在工作速度高的起重机或小车（如运载桥的小车）上，它能在撞击时吸收较大的能量。

（3）防风装置。防风装置是防止起重机被大风吹移或刮倒的装置，主要有起重机夹轨器和起重机锚定器。在港口上运行的大型起重机上通常同时装设夹轨器和锚定器。夹轨器在起重机停歇或风力增大到一定级别时起作用；锚定器是在暴风来临前由司机操作的。夹轨器的防风作用不如锚定器。

（4）起重量限制器。起重量限制器可使起吊的重物重量不超过规定值，有机械式和电子式两种。机械式利用弹簧—杠杆原理；电子式通常由压力传感器检测起吊重量，当超过允许的起重量时起升机构便不能启动。起重量限制器也可兼作起重量指示器用。

（5）起重力矩限制器。起重力矩限制器可以使臂架型起重机的起重力矩（起重物的重力和幅度的乘积）不超过规定值，能同时接收起重量变化信号和幅度变化信号。两种信号经电子仪器组合运算并放大后与起升和变幅机构实现电气联锁，以防止起重机翻倒。

（6）偏斜限制器。大跨度起重机（一般在40 m以上，如运载桥和造船用大型门座起重机）在两侧运行速度不一致时，易产生偏斜而增大运行阻力，使桥架和支腿的连接结构承受附加载荷。这时，通常在柔性支腿的上部安装偏斜限制器。起重机桥架与支腿间的相对转动可通过臂杆或齿轮组的运动，使凸轮或凸块触动控制开关，当起重机在达到最大偏斜量的一定值（一般为起重机跨度的千分之三至千分之五）时可切断电源或自动纠偏。

【相关链接】

在某些起重机上还装有光电防撞装置，以避免同一轨道上两台运行中的起重机相互碰撞。它的原理是：当两台起重机接近到一定距离时，其中的一台起重机的投光器发出的光波被另一台起重机的受光器接收，通过光电管产生电信号，经波形整形和放大后，继电器动作，蜂鸣器发出警报并自动切断运行机构的电源。两台起重机要各装一套光电防撞装置，相互作用。

11. 起重吊装施工方案的组成是什么?

起重吊装包括结构吊装和设备吊装，其作业属高处危险作业，作业条件多变，施工技术也比较复杂，施工前应编制专项施工方案。方案的内容主要包括：

（1）施工方案的编制说明。

（2）施工方案平面平置图的绘制。

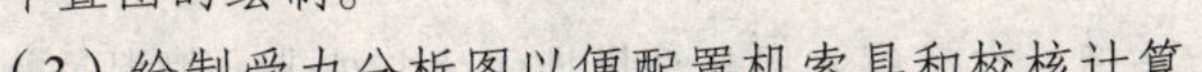

（3）绘制受力分析图以便配置机索具和校核计算。

（4）绘制机索具配置示意图。

（5）锚点施工图。

（6）校核计算主要机具在起吊过程中处于最不利的受力情

况下的强度及刚度，以确定是否能保证安全施工。

（7）编写起重机、索具所需计划明细表和汇总表。

（8）编写起吊岗位职责表以及起重信号传递程序。

（9）编写施工技术要求。

（10）编写安全技术规程。

【相关链接】

起重吊装作业方案必须针对工程状况，并具有现场实际指导性，经上级技术部门审批确认符合要求。

12. 起重机司机在作业过程中应当注意的“七字方针”是什么？

起重机司机在严格遵守各种规章制度的前提下，在操作中应做到如下几点（也称作“七字方针”）：

（1）稳。司机在操作起重机过程中，必须做到启动平稳、运行平稳、停车平稳，确保吊钩、吊具及吊物不出现游摆。

（2）准。在稳的基础上，吊物应准确地停在指定的位置上方，确认后降落，做到落点准确、到位准确、估重准确。

（3）快。在稳、准的基础上，有效调节好各相应机构动作，缩短工作循环时间，提高工作效率。

（4）安全。在确保起重机完好情况下，有效可靠地运行。操作中，严格执行起重机安全操作规程，不发生任何人身或设备事故。

（5）合理。在了解掌握起重机性能的基础上，根据吊物的具体情况，对起重机做到合理控制，正确地操纵，使其运转既安全又经济。

以上的“稳、准、快、安全、合理”几个方面是互相联系且不可分割的，“稳”和“准”是前提，如果不稳、不准就做不到“快”，安全生产就没有保证，一旦发生事故，“快”也就失去了意义。而一味地求稳，片面地认为“慢则万全”，也不能充分发挥起重机的工作效率。所以只有按“七字方针”操作，才能成为一名技术熟练的司机。

【相关链接】

起重机司机岗位责任制主要内容是：

（1）严格遵守各项规章制度、岗位责任及设备安全操作规程。

（2）树立良好的职业道德，服从领导，听从指挥，团结协作，完成任务。

（3）当班司机应严守工作岗位，不得无故擅自离开起重机。

（4）起重机司机应密切注意起重机的运行和吊装状况，若发现机件、零件、吊具、索具、安全装置等有故障或异常现象时，应及时设法排除故障或进行维修保养，必要时应立即向单位领导或检修人员报告，待查清原因，排除故障后方可继续操作。

（5）起重机司机发现起重机有较大隐患，危及人身安全时，应停止起重作业。

（6）起重机司机要认真钻研业务技术，懂得设备的构造、原理，了解设备维修基本知识，学习诊断处理本机型的一般故障。

（7）精心维护保养设备，开机前对设备进行认真检查。

（8）认真填写“交接班记录”和“操作留言”，操作中的隐患、故障及存在问题，一定要填写清楚，并当面将有关问题向接班者交代清楚。

13. 起重机司机作业前应做哪些准备工作?

（1）按规定穿戴齐全劳动防护用品。

（2）在断开电源的情况下，对起重机进行逐项安全检查。

（3）一般在正常情况下检查以下内容：各开关是否正常；制动器是否正常，有无松动、各零件是否齐全；钢丝绳及其压板、挂钩及附件是否完好无损；各机械和电气安全装置是否灵活可靠；各控制器空转是否灵活、准确、可靠；起重机上是否有浮动物；各护栏、梯子、走台是否牢靠，有无开焊等情况；室外起重机应打开夹轨器或其他锚定装置，清除轨道上障碍物等。

【相关链接】

起重作业交接班制度：

（1）交接班项目。起重作业人员应认真执行交接班制度，交接班包括填写日常工作记录和交班记录。交班记录中应有如下内容：设备检查情况；设备运转状态；设备维护保养情况；起重作业的人身、设备、操作事故或未遂事故情况以及隐患整改情况等。交班人员应签名，并注明日期班次。

（2）交班内容。起重作业结束后，交班起重作业人员应认真向接班者交班，讲清本班起重作业状况、任务完成情况、安全生产情况、设备运转状况、维护保养及故障情况等。

（3）接班内容。接班人员应认真听取上一班工作情况介绍，主动问清情况，了解上一道工序情况，阅读检查上一班“交班记录”和“工作留言”；检查起重设备操纵系统、制动装置等是否良好，检查吊索具等隐患情况，进行空载运转等，发现问题，双方要立即共同讨论研究。

在上述共同交接班检查中，双方认为正常无误，接班人应在交班记录上签字或双方口头交接认可后，交班人员可正式离开岗位或现场。

14. 在何种情况下起重机司机应发出警告信号?

（1）起重机送电时、启动时、吊物下降临近地面时。

（2）运行路线上有人工作或走动时。

（3）接近相邻的其他起重机时。

（4）吊运过程中被吊物件发生异常时。

（5）起重机在运行通道上方吊重运行时。

（6）起重机在吊运过程中设备发生故障时。

【相关链接】

禁止起重机司机同时操作3个控制器，主要是因为：从一般人类工效学讲，每个人只有两只手，一只手只能把握一个控制器手柄，其他控制器是处在脱手状态下的，而手是不能脱离运动着的机构的控制器手柄的。这种操作要求是为了防止出现意外时司机手忙脚乱，造成严重后果。

15. 起重机为什么严禁超载作业?

（1）起重机超载作业会产生过大的应力，可能使钢丝绳超出其允许拉力而断裂，也有可能出现吊钩断裂，重物高空坠落，造成人员或设备的重大事故。

（2）超载可能使起重机机械传动部件损坏，也可导致制动力矩减小或制动器失效。

（3）超载可能使起重机损坏机电设备（如电动机因过载而烧毁）。

（4）超载对起重机金属结构的危害也很大，造成主要受力结构变形。

（5）超载破坏了起重机的稳定性，有可能造成起重机使用寿命缩短或者整机倾覆的恶性事故。

【相关链接】

起重机在使用中严禁做下面相关的工作：

（1）严禁对起重机各机构进行各种检修、调试。

（2）严禁“以车代步”，起重机运行时，司机室外护栏、走台上方等不得有人。

（3）严禁起重机运行中进行润滑保养。

16. 为什么起重作业中不能“斜拉歪拽”？

（1）起重机超负荷。“斜拉歪拽”时，钢丝绳会与地面垂直线形成一个偏斜角度，这个角度越大，起重机钢丝绳的拉力越大，如果在“斜拉歪拽”过程中再遇到地面上的障碍物，钢丝绳受的拉力会更大，因此“斜拉歪拽”会使起重机超负荷。

（2）产生摆动。“斜拉歪拽”时，钢丝绳就会与地面垂直线形成一个角度，由于这个角度的存在，就会产生一个水平分力，这个角度越大、所吊重物越重，水平分力越大。由于水平分力的存在，当重物在离开地面的瞬间形成摆动，这种摆动极易造成起重机操纵失控，致使物体相撞，周围设施遭到破坏，并严重威胁着周围人员的人身安全而产生不良后果。

（3）起重机受损。“斜拉歪拽”时，极易发生起重机零部件被破坏，极易发生起重机故障。如：电动机烧毁、保护器掉闸、滑轮断裂、钢丝绳跳槽等。“斜拉歪拽”拉断钢丝绳的危险性更大。

【相关链接】

在操作起重机时不得“斜拉歪拽”，要强调“三点一垂线”，即卷筒、吊钩、重物在同一铅垂线上。

17. 起重机操作中“十不吊”是指什么？

（1）安全装置不齐全、不灵敏不吊。

（2）物体挂得不稳、不牢、不平衡不吊。

（3）超负荷、不知物体重量不吊。

（4）指挥信号不明，光线暗淡不吊。

（5）易燃、易爆物品不吊。

（6）“斜拉歪拽”、拖拉吊运不吊。

（7）吊物上站人或有浮动物不吊。

（8）埋在地下的物件不吊。

（9）棱角物品无防切割措施不吊。

（10）满罐液体不吊。

【相关链接】

起重吊装“十不吊”：

（1）起重臂和吊起的重物下面有人停留或行走不准吊。

（2）起重指挥应由培训合格的专职人员担任，无指挥或信号不清不准吊。

（3）钢筋、型钢、管材等细长和多根物件必须捆扎牢靠，多点起吊。单头“千斤”或捆扎不牢靠不准吊。

（4）多孔板、积灰斗、手推翻斗车不用四点吊或大模板外挂板不用卸甲不准吊。预制钢筋混凝土楼板不准双拼吊。

（5）吊砌块必须使用安全可靠的砌块夹具，吊砖必须使用砖笼，并堆放整齐。木砖、预埋件等零散物件要用盛器堆放稳妥，叠放不齐不准吊。

（6）楼板、大梁等吊物上站人不准吊。

（7）埋入地面的板桩、井点管等以及粘连、附着的物件不准吊。

（8）多机作业，应保证所吊重物距离不小于3 m，在同一轨道上多机作业，无安全措施不准吊。

（9）6级以上强风不准吊。

（10）斜拉重物或超过机械允许荷载不准吊。

18. 室外起重机作业应注意什么？

对室外起重机设备进行检查时除常规检查外，还应检查各部位防雨罩、夹轨器等，以备恶劣天气时使用。

工作中遇到6级以上大风、大雪、暴雨时，司机应暂停作业。

露天起重机非工作状态，最大承受风力为11级，工作状态最大承受风力为6级。

GB 6067—2010《起重机械安全规程》规定：在轨道上露天作业的起重机，当工作结束时，应将起重机锚定住。当风力大于6级时，一般应停止工作，并将起重机锚定住，对于门座起重机等在沿海工作的起重机，当风力大于7级时，应停止工作，并将起重机锚定住。

雪后应先清扫扶梯、平台、脚踏板上的积雪，然后上车工作，不得踏雪上车。大、暴雨后应先将车上的积水清除后再开始工作。

室外起重机每年要进行一次除锈刷漆工作。

【知识学习】

运输重物上、下坡时，要有防滑措施：运输板材、管材或超长物体时，要有安全标志和防惯性伤害的安全措施；搬运易碎物品，应使用专用工具，小心轻放，装运易燃、易爆物品，严禁吸烟和动用明火，不得穿带有铁钉的鞋；必须轻装、轻卸，不得猛烈撞击，不得乱抛乱扔；在石油化工区内从事起重作业，必须遵守厂区内的其他各项安全规定；认真穿戴好个人劳动防护用品，作业前必须戴好安全帽等。

19. 起重机检修时应注意什么？

（1）将起重机停在不影响生产流程的安全地点。

（2）拉断总电源，挂好“禁止合闸”的安全警示牌。

（3）所有参加检修的人员都应遵守检修安全规定。

（4）在高处作业要系好安全带。

（5）工作中要选择好安全站位。

（6）如需临时移动起重机时，所有人员必须撤离起重机。

（7）技术、安全管理人员必须到场，指导和监督作业。

【相关链接】

起重机检修人员在操作中要登高作业，必须办理登高作业安全许可证，并采取可靠的安全措施后方可进行。

20. 操作中突然停电，起重机司机该怎么办？

起重机司机操作过程中，因供电系统或起重机本身的机电故障而发生突然停电，此时，司机应将各控制器手柄“回零”，切断主电源，等故障排除后再按步骤开车。

如确定是起重机的机电故障，应按照具体规定进行修复，不得强行使用带故障的起重机。

如停电时起重机负载，短时间内司机可等待通电，如确认通电需较长时间，应通知维护人员进行紧急处理。司机应配合维护人员采取相应措施放下负载，不可使重物长时间滞留空中。

【相关链接】

每个企业因其性质、生产特点、经营方式和设备状况不一，设备复杂程度不同等因素，各单位、各机型的安全技术操作规程基本一致，个别地方可能不尽相同，这是根据各企业厂情决定的。但不论什么安全技术规程、也不论如何表达，都必须有利于安全操作，有利于预防事故。各企业颁布的安全技术规程要不断修改完善，并认真贯彻执行。

21. 滑轮组根据结构分为哪几种?

滑轮按用途一般分为定滑轮、动滑轮、滑轮组、导向滑轮、平衡滑轮组等。

按滑轮的数量不同，可分为单门（一个滑轮）、双门（两个滑轮）和多门（多个滑轮）等几种。

按连接件的结构型式不同，滑轮组可分为吊钩型、链环型、吊环型、吊梁型4种。

按滑轮使用方式不同，又可分为定滑轮和动滑轮两种。

按滑轮的夹板形式不同，滑轮组可分为开口滑轮和闭口滑轮两种。开口滑轮的夹板可以打开，便于装入绳索，一般都是单门，常用在拔杆脚等处起导向作用。

根据滑轮组的结构可将滑轮分为：单联滑轮组和双联滑轮组。单联滑轮组：缠绕在卷筒上钢丝绳索分支数仅为一根的滑轮组称为单联滑轮组，如5 t以下的电葫芦吊钩使用的滑轮组就是单联滑轮组。双联滑轮组：由平衡滑轮两侧所引出来的两根钢丝绳索，经过滑轮组，分别缠绕在卷筒两端上的滑轮组称为双联滑轮组。

【相关链接】

滑轮和滑轮组是塔式起重机起重吊装、搬运作业中较常用的起重工具。在起重作业中，滑轮与卷扬机配合使用可起吊和搬运较重的物体。滑轮一般由吊钩、链环、滑轮、轴、轴套和夹板等组成。定滑轮和动滑轮的组合又可称为滑轮组。

22. 滑轮组的作用有哪些？

在滑轮组中有动滑轮和定滑轮之分，定滑轮在起重作业中起保持重物的平衡、支持承重钢丝绳的升降和改变绳索拉力方向的作用，不起省力作用。动滑轮在起重作业中一般只起省力和承重作用，它在使用中是随着重物移动而移动的，它能省力，但不能改变力的方向。导向滑轮根据起重作业的需要，能改变钢丝绳受力方向或改变被牵引物的运动方向。一个单轮动滑轮能够节省一半的起升拉力。动滑轮门数越多，起升钢丝绳的牵引力越小。

【相关链接】

根据滑轮的数量，吊钩滑轮组可分为单滑轮吊钩组和多滑轮吊钩组。前者主要用于轻型塔式起重机，而后者主要用于大、中型塔式起重机。

采用多滑轮组运行特点是：便于增大倍率，减少起升钢丝绳的内力，可换用直径较小的钢丝绳；通过增大倍率，可在不加大起升电动机功率的条件下提高起重量；通过变换倍率，可得到多种起升速度，有助于提高塔式起重机的生产效率；通过采用双小车变换倍率系统，有利于改变臂架负荷条件，提高臂架承载能力；通过增大并列滑轮之间的间距，有助于消减钢丝绳扭转现象。

23. 滑轮的安全技术要求有哪些?

（1）穿绕滑轮或滑轮组的钢丝绳必须符合滑轮的要求。当选用的钢丝绳直径超过滑轮的要求时，会加剧滑轮的磨损，同时也使钢丝绳的磨损加剧。

（2）在穿绕滑轮组时，钢丝绳在滑槽中的角度不得超过4°～6°。

（3）若多门滑轮在使用中只用其中几门时，其起重量应经折减相应降低。

（4）滑轮组绳索穿好后，要慢慢地加力，绳索收紧后应检查各部分是否良好，并详细检查各部分有无卡绳现象。

（5）滑轮在拉紧后，滑轮组两车轮的中心应保持一定的

距离。

（6）滑轮不得超载使用。当滑轮有裂纹或缺陷时，不得投入使用。

（7）滑轮使用前应查明标识的允许荷载，检查滑轮的轮槽、轮轴、夹板、吊钩等有无裂缝和损伤，滑轮转动是否灵活。

（8）滑轮在使用前、后应将滑轮上的脏物洗干净，轮轴要加油润滑，放在干燥的地方，防止磨损和锈蚀。

【相关链接】

滑轮出现下列情况之一的，应予以报废：

（1）裂纹或轮缘破损。

（2）滑轮绳槽壁厚磨损量达原壁厚的20%。

（3）滑轮底槽的磨损量超过相应钢丝绳直径的25%。

24. 影响钢丝绳的安全系数因素有哪几个方面?

（1）钢丝绳的磨损、疲劳破坏、锈蚀、不恰当使用、尺寸误差、制造质量缺陷等不利因素带来的影响。

（2）钢丝绳的固定强度达不到钢丝绳本身的强度。

（3）由于惯性及加速作用（如启动、制动、振动等）而造成的附加荷载的作用。

（4）由于钢丝绳通过滑轮槽时的摩擦阻力作用。

（5）吊装时载物、吊索及吊具的超载影响。

（6）钢丝绳在绳槽中反复弯曲而造成的危害的影响。

（7）钢丝绳在卷筒中出现啃绳、咬绳、爬绳现象的影响。

【相关链接】

根据钢丝绳的钢丝韧性大小，即耐弯折次数的多少可将钢丝绳分为特级、Ⅰ级、Ⅱ级共3个级别：

（1）特级钢丝绳：韧性最好，用于载客电梯。

（2）Ⅰ级钢丝绳：韧性较好，用于起重机械。

（3）Ⅱ级钢丝绳：韧性一般，用于捆绑系物。

25. 滑轮组钢丝绳穿法有哪几种?

滑轮组钢丝绳的基本穿法有顺穿法和花穿法两种：

（1）顺穿法，也称为普通穿法，是一种比较简单的穿绕方法。根据现场拥有的卷扬机台数，可以采用单跑头顺穿法和双跑头顺穿法。

单跑头顺穿法。该穿法是将钢丝绳的一个头从边上第一个定滑轮开始，按顺序逐个绕过定滑轮和动

滑轮，绕弯后的绳头固定在末端定滑轮的架子上。

双跑头顺穿法。双跑头顺穿法是指滑轮组同时有两根跑绳，同时使用两台卷扬机进行工作。双跑头顺穿法的优点是：滑轮的两边同时受力，工作时不会像单跑头顺穿法那样由于阻力而使滑轮歪斜。采用双跑头顺穿法时，使用的定滑轮的门数一般为奇数，它比动滑轮的门数多一门。在进行穿绕时是从定滑轮中间的一个滑轮开始，两个绳头同时从中间向两边按顺序穿绕。采用此种方法，要求所使用的两台卷扬机的卷扬速度要一致，这样才能使定滑轮中间的一只滑轮不转动，滑轮的两边受力才能相等。

（2）花穿法。花穿法是指钢丝绳的跑头从中间滑轮引出，形成与滑轮之间“隔花”状况。由于采取这种穿法，两侧钢丝绳的拉力相差较小，所以能克服普通穿法的缺点。

【知识学习】

滑车组中动滑组穿绕绳子的根数，习惯上叫“走几”，如动滑轮组中穿绕3根绳子，叫“走三”，穿绕4根绳子，叫“走四”。在用“走三”制及以上的滑轮组时，最好采取花穿法。

26. 钢丝绳的日常检查、维护和保养有哪些要求?

钢丝绳因磨损、腐蚀或其他影响会造成性能降低。

为了避免钢丝绳因性能降低而发生安全事故，必须定期对钢丝绳的运行状态进行检查，必须定期检查钢丝绳的所有易于磨损的部位，检查钢丝绳磨损部分的断丝情况。

钢丝绳每隔7～10天检查一次，如有磨损或断丝，但未达到报废标准规定的数值仍在使用时，必须每隔2～3天检查一次。

对检查的情况应做详细记录，作为钢丝绳更换周期的依据。

要定期做好钢丝绳的润滑工作，确保钢丝绳良好的润滑状态。一般钢丝绳应使用15～30天润滑一次，冶金、热加工等高温厂房内的起重机用钢丝绳应每周进行一次润滑。

解决钢丝绳润滑较好的方法是：

将钢丝绳卸下，用钢丝刷将钢丝绳上的油污及异物除掉，并用煤油清洗干净，然后将钢丝绳盘好卷浸入润滑油中，将润滑油加热到70～80℃，使润滑油渗入钢丝绳的内部，储存在钢丝绳绳芯之中，使钢丝间及绳股间得到充分的润滑。也可用毛刷蘸润滑脂涂于钢丝绳上，同样加热到70～80℃。

钢丝绳润滑完毕即可安装使用。

【相关链接】

钢丝绳的存储注意事项：

（1）运输过程中，应注意不要损坏钢丝绳表面。

（2）钢丝绳应储存于干燥而有木地板或沥青、混凝土地面的仓库里，以免腐蚀。

（3）在堆放时，成卷的钢丝绳应竖立放置（即卷轴与地面平行），不得平放。

（4）必须在露天存放时，地面上应垫木方，并用防水毡布覆盖。

27. 钢丝绳外部检查方法有哪些?

（1）直径检查。直径是钢丝绳极其重要的参数。通过对直径的测量，可以反映出该钢丝的变化速度、钢丝绳是否受到过较大的冲击荷载，捻制时股绳张力是否均匀一致、绳芯对股绳

是否保持了足够的支撑能力。钢丝绳直径应用带有宽钳口的游标尺测量，其钳口的宽度要足以跨越两个相邻的股。

（2）磨损检查。钢丝绳在使用过程中产生磨损现象不可避免。通过对钢丝绳的磨损检查，可以反映出钢丝绳与匹配轮槽的接触状况。在无法随时进行性能试验的情况下，根据钢丝绳磨损程度推测钢丝绳的实际承载能力。钢丝绳的磨损情况检查主要靠目测。

（3）断丝检查。钢丝绳在投入使用后，肯定会出现断丝现象，尤其是到了使用后期，断丝发展速度会迅速上升。由于钢丝绳在使用过程中不可能一旦出现断丝现象便立即停止运行或报废，因此，通过断丝检查，尤其是对一个捻距内断丝情况检查，不仅可以推测钢丝绳继续承载的能力，而且根据出现断丝根数的发展速度，可以间接预测钢丝绳使用寿命。钢丝绳的断丝情况检查主要靠目测计数。

（4）润滑检查。通常情况下，新出厂的钢丝绳大部分在生产时已经进行了润滑处理，但在使用过程中，润滑油脂会流失减少。鉴于润滑不仅能够对钢丝绳在运输和存储期间起到防腐保护作用，而且能够减少钢丝绳使用过程中钢丝之间、股绳之间和钢丝绳与匹配轮槽之间的摩擦，对延长钢丝绳使用寿命十分有效，因此，为把腐蚀、摩擦对钢丝绳的危害降低到最低程度，进行润滑检查十分必要。钢丝绳的润滑情况检查主要靠目测。

【知识学习】

由于起重钢丝绳在使用过程中经常受到拉伸、弯曲的影响，且次数超过一定数值后，会使钢丝绳出现“金属疲劳”现象。为了保证钢丝绳使用期间的安全可靠性，必须按规定定期对其进行安全性能检查，及早发现问题，及时保养或更换报废。钢丝绳的检查包括外部检查与内部检查两部分。

28. 影响钢丝绳使用寿命的主要原因是什么？

（1）钢丝绳与卷筒、滑轮之间的摩擦所造成的磨损直接影响钢丝绳的使用寿命。而良好的润滑是减小磨损，延长钢丝绳使用寿命的好方法。

（2）钢丝绳在工作中的反复拉伸、弯曲，特别是正反两方向的卷绕，会导致钢丝绳的弯曲疲劳，严重影响其使用寿命。

（3）钢丝绳本身钢丝与钢丝之间的摩擦造成的磨损是影响其使用寿命的又一重要原因。若钢丝绳润滑状况良好，绳芯浸

油充足，则能显著提高钢丝绳的使用寿命。

（4）超负荷使用钢丝绳，负重时车体会出现较大的颤动，使钢丝绳受到较大冲击载荷从而影响其使用寿命。

（5）其他非正常的损害，例如脱槽、电灼、火烧、受到横向外力等，也能严重影响钢丝绳的使用寿命。

【相关链接】

对钢丝绳进行内部检查要比进行外部检查困难得多。但由于内部损坏（主要由锈蚀和疲劳引起的断丝）隐蔽性更大，因此，为保证钢丝绳安全使用，必须在适当的部位进行内部检查。

检查时将两个尺寸合适的夹钳相隔100～200 mm夹在钢丝绳上反方向转动，股绳便会脱起。操作时，必须十分仔细，以避免股绳被过度移位造成永久变形，导致钢丝绳结构破坏。

小缝隙出现后，用螺钉旋具之类的探针拨动股绳并把妨碍视线的油脂或其他异物拨开，对内部润滑、钢丝锈蚀、钢丝及钢丝间相互运动产生的磨痕等情况进行仔细检查。检查断丝，一定要认真，因为钢丝断头一般不会翘起，不容易被发现。检查完毕后，稍用力转回夹钳，以使股绳完全恢复到原来位置。如果上述过程操作正确，钢丝绳不会变形。对靠近绳端的绳段特别是对固定钢丝绳应加以注意，例如支持绳或悬挂绳。

29. 吊钩的薄弱环节是什么？

重物的重量作用在吊钩螺纹外的退刀槽处，另外，重物吊运过程中摆动的极小部分弯曲应力也作用到吊钩螺纹外的退刀槽处。这一螺纹外的退刀槽处又是加工应力集中最大的部位，而且此处的断面尺寸又比吊钩的颈部小。

因此，把螺纹外的退刀槽处认定为吊钩的薄弱环节。在检查吊钩时，该处是不可忽视的。

【知识学习】

吊钩是起重机重要的取物装置，通过起升机构的卷绕系统将被吊物料与起重机联系起来。吊钩在起重作业中，受到频繁冲击载荷的作用，一旦发生断裂，可导致重物坠落，造成重大人身伤亡事故。因此在使用中必须保证吊钩的安全可靠性。

30. 什么叫吊钩的危险断面？

（1）水平危险断面。重物的重量是一个向下的拉力，作用在吊钩的横断面上，有把吊钩拉直的趋势。这个断面除受拉力的作用外，还受一个弯曲力矩的作用。由于弯曲力矩的作用，吊钩的这个横断面内侧受拉应力，而外侧受压应力。这个受力的横断面就是水平危险断面。

（2）垂直危险断面。重物吊挂时往往是通过钢丝绳或其他吊索具挂在吊钩上，钢丝绳与吊钩的接触位置顺钢丝绳向下延伸，假设钢丝绳把吊钩垂直切断，所形成的这个断面就是吊钩的垂直危险断面。受到剪切力的影响，所以吊钩垂直危险断面受剪切应力值为最大。

【相关链接】

吊钩的材料要求具有较高的强度和塑韧性，没有突然断裂的危险。但强度高的材料通常对裂纹和缺陷很敏感，强度越高，突然断裂的可能性越大。

吊钩按吊钩制造方法可分为锻造吊钩和片式吊钩，形状有单钩和双钩两种。锻造吊钩为整体锻造，成本低，制造使用都很方便，使用量最大。

锻造吊钩材料采用优质低碳镇静钢或低碳合金钢，如20优质低碳钢、16 Mn、20 MnSi、36 MnSi。

片式吊钩是用多层钢板叠片铆接而成，厚度不大于20 mm的 C3、20 Mn或16 Mn的钢板铆接而成的。因为吊钩板片不可能同时断裂，因此片式吊钩有更大的安全性，个别板片损坏可以更换，一般用于大吨位或强烈灼热场所。

31. 吊钩的安全检查有哪几种?

吊钩的安全检查包括安装使用前的检查和在用吊钩的检查。

（1）安装前检查。吊钩应有制造厂的检验合格证明。在吊钩低应力区有额定起重量和检验合格的打印标记。否则，要对吊钩进行材料化学成分检验和必要的力学性能试验（拉伸试验、冲击试验），测量吊钩的原始开口度尺寸。吊钩标记的额定起重量要与起重机的额定起重量一致。

（2）表面检查。通过目测、触摸来检查吊钩的表面状况。吊钩表面应该光洁、无毛刺，不得有裂纹、折叠、超磨损等缺陷，防脱钩装置应可靠。

（3）内部缺陷检查。吊钩不得有内部裂纹、白点和影响使用安全的任何夹杂物等缺陷，要通过探伤检查。

【相关链接】

吊钩组主要由吊钩、吊钩横梁、推力轴承、吊钩螺母、滑轮、滑轮轴、拉板和滑轮外罩等零部件组成。

32. 吊钩发生落地（掉钩子）事故的原因有哪些？

（1）司机失误，在起升机构极限限制器失灵情况下，吊钩动、静滑轮接触后，电动机继续旋转拉断钢丝绳，吊钩掉下来。

（2）钢丝绳严重磨损、腐蚀等，没有及时更换，钢丝绳允许拉力减小造成断裂，吊钩掉下来。

（3）卷筒钢丝绳安全圈数保留太少，或压板松动，钢丝绳从压板下抽出，或拉断固定螺柱，钢丝绳拖地，吊钩掉下来。

（4）钢丝绳从滑轮罩一侧窜出，窜出的钢丝绳在吊钩自重（或重物重量）作用下反卷上去，钢丝绳拖地，吊钩掉下来。

（5）吊钩出现裂纹等影响其受力的硬伤。

【相关链接】

吊钩出现了下述情况之一时，应报废：表面有裂纹、破口；危险断面或吊钩颈部产生塑性变形；挂绳处断面磨损超过高度10%；衬套磨损超过原厚度50%；芯轴（销子）磨损超过其直径的3%～5%；开口度比原尺寸增加15%；扭转变形超过10°；吊钩上的缺陷焊补（这种情况应禁止）。

33. 使用电磁吸盘应注意哪些安全事项?

（1）对导电电缆线要经常检查，防止漏电。

（2）保持电缆线卷筒与钢丝绳卷筒同步运行。

（3）重载时磁盘不得旋转，防止电缆线因缠绕漏电而损坏钢丝绳。

（4）不得用电磁吸盘拖带地车、车厢行走。

（5）使用电磁吸盘要特别注意安全，电磁铁一旦断电吊物就会掉下来，虽然多数电磁吸盘都有延时装置，其危险性还是很大的。因此，电磁吸盘吊物绝对不能从人体或设备上方通过和停留。

（6）在放下吊物时，要尽量接近落放点或地面，不得在较高的停空高度释放电磁，这样容易砸起飞溅物伤人。

（7）电磁吸盘操作区域内不得站人，如果是临时作业点，必须拉好警戒线以防伤害。

（8）为防止因悬空使钢丝绳长时间受力，工作完毕后，将电磁吸盘放在木制平台上。

【知识学习】

起重电磁吸盘又名起重电磁铁、电磁起重器，主要用于冶金、矿山、机械、交通运输等行业吊运钢铁等导磁性物料。也用作电磁机械手，夹持钢铁等导磁性物料，适用于搬运铸铁锭、钢球及各种废钢。其励磁方式可采用：定电压方式、强励磁方式和过励磁方式。

此类产品主要特点分为以下几点：采用全封闭结构，防潮性能好；经计算机优化设计，结构合理，吸重比大，能耗低；励磁线圈经特殊工艺处理，提高了线圈的电气和机械性能，绝缘材料耐热等级达到C级，使用寿命长；针对不同的被吸物状况采用不同的结构和参数，能广泛满足用户需求；高温型电磁铁采用独特的隔热方式，其被吸物温度由过去的600℃提高到了700℃，扩展了电磁铁的适用范围；安装、运行、维护简单。

34. 抓斗的安全使用和检查内容是什么？

抓斗根据抓取物料的种类、容重，分为轻型、中型和重型3类。使用不同型号的抓斗要根据装卸的物种和起重机的起重量来选用。

抓斗工作时一般不需要专人吊挂，完全由起重机司机来控制，工作速度较快。但启动、制动也较为频繁。司机在操作中无论抓斗处于闭合状还是开启状，斗口对称中心线和抓斗垂直中心线都应处在同一垂直平面内，偏差不得大于200 mm。

抓斗的安全检查内容包括：

（1）抓取一般物料，抓斗的斗口接触处的间隙应小于3 mm。抓取粉状物、砂子及粮食物料的抓斗，斗口接触处的间隙应小于2 mm。

（2）刃口板出现严重的磨损或变形，应予更换。

（3）抓斗上的钢丝绳和滑轮出现严重的磨损或变形，应予更换。

【知识学习】

抓斗桥式起重机的提升装置为抓斗系统，以钢丝绳分别联系抓斗起升、起升机构、开闭机构，主要用于散货、废旧钢铁、木材等的装卸、吊运作业。这种起重机除了起升、闭合机构以外，其结构部件等与通用吊钩桥式起重机相同。

35. 怎样处理减速器产生的振动?

（1）减速器地脚螺栓松动。处理的方法：紧固后即可解决。

（2）减速器的底座支撑钢板刚度小。处理的方法：进行加固。

（3）减速器的输出、输入轴与其相应连接的传动轴之间同心度存在着超差。处理的方法：调整同心度。

（4）减速器转动零件的动平衡不良，不符合要求。处理的方法：调整零件的动平衡达到要求标准。

【知识学习】

减速器主要运用于起重机械的起升机构和行走机构。行星减速器的太阳轮由一台电动机驱动，行星架由另一台电动机经行星减速驱动，外轨道的内齿圈固定在起升卷筒上。卷筒转速取决于两台电动机的转速和转向，同向快速，反向慢速。如果是单速电动机，每台电动机则有正转、反转和停止3种状态与另一台电动机相配，因此速度挡位很多，差动调速结构复杂，大多数生产厂家一般不采用该机构。

36. 制动器在起重机工作中的安全作用是什么？

制动器是用来使起重机各机构准确可靠地停止在所需工作位置的装置，它是依靠摩擦力起到制动作用的。

为了用较小的制动力矩取得较好的制动效果，通常将制动器安装在电动机输出轴与减速器的输入轴上（高速轴上）。

但是，这种安装方式在起升机构上会有一定的缺点：如果

发生传动轴断裂、减速器内部齿轮折断，或在轴与轴孔的连接部位、联轴器的连接部位紧固螺栓脱落或切断等故障时，这个机构就完全处于失控状态。

为了防止上述事故的出现，也有将制动器安装在机构的低速轴上，用以防止传动失效时重物自由坠落，起到安全作用。

【法律提示】

GB 6067—2010《起重机械安全规程》中规定：动力驱动的起重机，其起升、变幅、运行、旋转机构都必须装设制动器。人力驱动的起重机其起升机构和变幅机构必须装设制动器或停止器。

起升机构和变幅机构的制动器必须是常闭式制动器。

吊运炽热金属或易燃、易爆等危险品的起升机构，以及发生事故可能造成重大危险或损失的起升机构，应安装两套同规格的制动装置。

37. 对卷筒的安全检查包括哪些部分?

（1）卷筒筒体、卷筒轴不得有裂纹和严重磨损。

（2）卷筒上钢丝绳的固定压板是否牢固，与钢丝绳端头

接触是否牢靠，每月检查一次（频繁使用的起重机可适当加倍）。

（3）检查卷筒槽是否有损伤钢丝绳的缺陷等。

（4）检查卷筒与减速器连接的零部件是否牢靠、有无磨损等（对于将制动器安装在电动机输出轴或减速器的输入轴上的起重机尤为重要）。

（5）定期检修卷筒，特别是卷筒转动是否正常，轴承等部位的润滑及磨损情况。

（6）卷筒体内无贯通支撑轴的结构时，卷筒体应采用铸钢卷筒。

【相关链接】

限制钢丝绳卷筒圈数的方法是采用多功能转角式行程开关，将限位器输入轴与起升钢丝绳卷筒轴相连接。当卷筒工作时，带动限位器输入轴一起旋转，其转动的圈数在限位器调整时已被记录下来。卷筒旋转到规定的圈数后，限位器内的凸轮打开微动开关，切断起升上升控制回路控制电路，吊钩停止上升。

38. 联轴器在起重机上的作用是什么？

联轴器在起重机上主要是用做各传动机构轴与轴之间的连

接，以传递转矩和扭矩。

联轴器有刚性联轴器、补偿式联轴器两大类：

（1）只能起连接作用，对被连接的轴与轴之间的轴向和径向位移不能补偿的联轴器称为刚性联轴器。

（2）不但能起到连接作用，还能对被连接的轴与轴之间的轴向和径向位移进行补偿的联轴器称为补偿式联轴器。

补偿式联轴器在起重机上应用更为广泛。

【相关链接】

联轴器是用来连接不同机构中的两根轴（主动轴和从动轴），使它们共同旋转以传递扭矩的机械部件。在高速重载的动力传动中，有些联轴器还有缓冲、减震和提高轴系动态性能的作用。

39. 轨道的安全检查有哪些要求？

（1）检查钢轨、螺栓及鱼尾板有无松脱、损坏、腐蚀、裂纹等。发现上述缺陷时，应及时更换或修理。线路轨道探伤器可以用来检查钢轨裂纹，横向裂纹可以用鱼尾板连接，斜向裂纹或纵向裂纹则要去掉有裂纹的部分，换上新钢轨。

（2）钢轨顶面若有较小的疤痕或磨损时，可以用电焊补平，再用砂轮磨平。钢轨顶面和侧面磨损（单面）都应不超过10%或不应超过3 mm。

（3）鱼尾板的连接螺栓一般应有6个，连接螺栓不得少于4个，但这4个连接螺栓应分布平均。

（4）轨道因安装调整的需要，可以用垫铁垫实，每处垫铁应不超过两块，长度不大于100 mm，宽度应比钢轨底宽10～20 mm，两组垫铁间距约为700 mm，但应不小于200 mm，垫铁与轨道底面的实际接触面不应小于总接触面的60%，用塞尺检查局部间隙应不大于1 mm。

（5）两轨道同一截面高度差要小于10 mm；每根轨道沿长度方向每2 m测量长度应小于2 mm；全长上下高度差应小于15 mm。

【知识学习】

轨道行走式塔式起重机，是指在轨道上运行的塔式起重机，也被称作轨道式塔式起重机。其塔式起重机是用刚性车轮把整台起重机支承在临时的轨道上，轨道铺设在碎石子与枕木上，或直接铺设在用钢板焊成的承轨箱上。塔式起重机可在较长的一个区域范围内进行水平运输，也可转弯行驶，故能适应不同造型建筑物的需要。其最大特点是可带载行走，有利于提高生产效率。

40. 起重机的安全装置都包括哪些？

（1）超载限制器。

（2）力矩限制器。

（3）上升极限位置限制器。

（4）下降极限位置限制器。

（5）运行极限位置限制器。

（6）偏斜调整和显示装置。

（7）幅度指示器。

（8）联锁保护装置。

（9）水平仪。

（10）防止吊臂后倾装置。

（11）极限力矩限制装置。

（12）缓冲器。

（13）夹轨钳和锚定装置或铁鞋。

（14）风级、风速报警器。

（15）支腿回缩锁定装置。

（16）回转定位装置。

（17）登机信号按钮。

（18）防倾翻安全钩。

（19）检修吊笼。

（20）扫轨板和支撑架。

（21）轨道端部止挡。

（22）导电滑线防护板。

（23）倒退报警装置。

（24）各类防护罩、防雨罩。

【相关链接】

起重机械安全装置由四限位装置（起升、变幅、回转、行走），三保险装置（防脱绳、防断绳、防断轴），二限制装置（力矩、起重量），一报警装置（报警、监视装置），俗称“四限位、三保险、二限制、一报警”安全装置。

桥、门式起重机安全知识

41. 桥、门式起重机的起升机构由哪些部分组成？

桥式起重机由桥架和起重小车两大部分组成，桥架两端通过运行装置，直接支撑在高架轨道上，沿轨道纵向运行；其中小车在桥架主梁上沿小车轨道横向运行。

在建筑施工现场，桥式起重机被广泛地应用于桥梁架设或桥梁混凝土制造现场等处。桥式起重机可分为普通桥式起重机、简易桥式起重机和专用桥式起重机三种。

门式起重机是桥式起重机的一种变形。在建筑施工现场多用于建筑构件加工制作中水平和垂直运输。它的金属结构像门形框架，承载主梁下安装两条支脚，可以直接在地面的轨道上行走，主梁两端可以具有外伸悬臂梁。门式起重机具有场地利用率高、作业范围大、适应面广、通用性强等特点，在港口和物流货场也得到广泛使用。

起升机构是用来实现物品升降的，它是起重机中最基本的机构。

起升机构主要由：驱动装置、传动装置、卷绕系统、制动装置、取物装置和安全装置等组成。

【法律提示】

额定起重量大于或等于15 t的起重机，可设有两套起升机构，大起重量的称为主起升机构或主钩，小起重量的称为副起升机构或副钩，设有主、副钩时其匹配关系为3∶1～5∶1。

《起重机械安全规程》（GB 6067—2010）中规定：有主、副两套起升机构的起重机，主、副钩不应同时开动。对于设计允许同时使用的专用起重机除外。

42. 桥、门式起重机的起升机构操作的安全技术有哪些？

（1）工作前应仔细检查与起升机构操作安全直接相关的零部件，如吊钩、钢丝绳、制动器等是否完好，不允许零部件“带病”工作，以防发生事故。

（2）每班第一次起吊重物之前，必须进行有负荷试吊（将吊物升至距地面200～300 mm，最多到500 mm，不宜过高。然后下降，判断

是否会“溜钩”），在额定负荷下制动后不“溜钩”，制动距离应符合规定的要求，不符合要求应及时调整或修理。控制器手柄移动到上升第二挡时，吊物仍无吊起迹象，说明起重机已超载，不能起吊。

（3）对于经常吊运地面下设施内（坑、槽）物品的起升机构，必须安装下极限位置限制器。

（4）当取物装置下降到最低位置时，卷筒两端除固定圈外，必须留有2~3圈的钢丝绳，即留有安全圈。

（5）额定起重量大于20 t的起升机构应安装超载限制器，以防起重机超载。

（6）上升时对正吊物，控制器要逐级加速，过快启动会加大对钢丝绳的冲击力，有可能拉断钢丝绳，同时也会对主梁及传动系统造成损坏。

【相关链接】

在操作具有主、副两套起升机构的起重机时，应遵守下列规则：

（1）禁止主、副钩同时吊运两个物体。

（2）主、副钩同时吊运一个物体时，不允许两钩一起开动（设计允许的除外）。

（3）不允许用上升极限位置限制器作为停钩的手段。禁止在开动主、副钩翻转、倾翻物体时再开动大车或小车，以免引起钩头落地或被吊物体脱钩坠落事故及其他事故。

43. 产生“溜钩”的主要原因是什么？

（1）起升机构制动器各部销轴、销孔和制动瓦衬磨损严重并且超过有关规定，导致制动力矩抱不住制动轮，出现

"溜钩"。

（2）起升机构制动轮工作表面或制动瓦衬有油污，导致摩擦系数变小而使制动力矩变小，出现"溜钩"。

（3）起升机构制动器的活动部位有卡阻现象，导致制动力矩变小，出现"溜钩"。

（4）起升机构制动轮出现较大的径向跳动，超过了技术标准的规定，造成不易调整，制动力矩不能达到要求，出现"溜钩"。

（5）起升机构制动器主弹簧调整的张力小（过松），制动力矩减小，出现"溜钩"。

（6）起升机构制动器主弹簧锁紧螺母松动，使制动器主弹簧的工作长度变长，张力变小，致使制动力矩减小，出现"溜钩"。

（7）起升机构制动器主弹簧损坏断裂，使制动力矩减小；或长时间的使用，弹簧已疲劳失效，张力变小，出现"溜钩"。

（8）长行程制动器的重锤下面有支撑物，使行程、制动力矩减小，出现"溜钩"。

（9）因电气故障引发的起升机构制动器"溜钩"。

【知识学习】

在实际操作过程中，起升机构控制手柄已回到零位，停止了上升或下降时，重物下滑超过规定的行程允许值，并且下滑的距离很大，甚至出现不停的现象，称作"溜钩"。

44. 小车运行机构的安全技术要求是什么？

（1）小车运行机构必须安装制动器。

（2）小车运行行程终端必须装有止挡器（通常称为车

挡），避免小车掉道事故。

（3）小车必须安装缓冲器，用以吸收小车运动的动能。避免硬性冲击对小车或大车主梁产生影响。

（4）小车车轮前必须安装扫轨器，以清除小车轨道上的杂物，确保小车运行安全。

（5）在主梁两端应安装小车行程限位器，小车上装有安全触尺，当小车行至终端时自动断开电源，起到限位保护作用。

以上任何一种安全装置出现故障时，司机都不能强行开车。

【知识学习】

桥式起重机一般由起重小车、桥架运行机构、桥架金属结构组成。起重小车又由起升机构、小车运行机构和小车架3部分组成。

45. 小车“三条腿”会产生哪些危害?

（1）“三条腿”会造成小车启动或制动时车体扭摆，运行不稳。

（2）因小车起、停时车体扭摆，“三条腿”会导致小车“啃轨”现象，使整台起重机发生振动。

（3）车体扭摆造成司机操作困难，使司机精神上长时间处

于紧张状态，存在着事故隐患。

【知识学习】

小车在空载行走时，4个车轮之中只有3个车轮接触轨道，一个车轮悬空或轮压小，称为小车“三条腿”。起重机的小车架的跨度小而刚度却很大，所以小车“三条腿”的现象是较为常见的。

46. “啃轨”产生的安全危害是什么?

（1）起重机运行机构运行阻力增大，行走困难，电能消耗增大。

（2）缩短车轮和轨道的使用寿命。

（3）运行安全受到威胁，严重时出现车体爬轨，乃至起重机脱轨。

（4）缩短厂房结构的使用寿命。

（5）起重机司机经常处于精神紧张、疲惫等不良状态下工作，存在事故隐患。

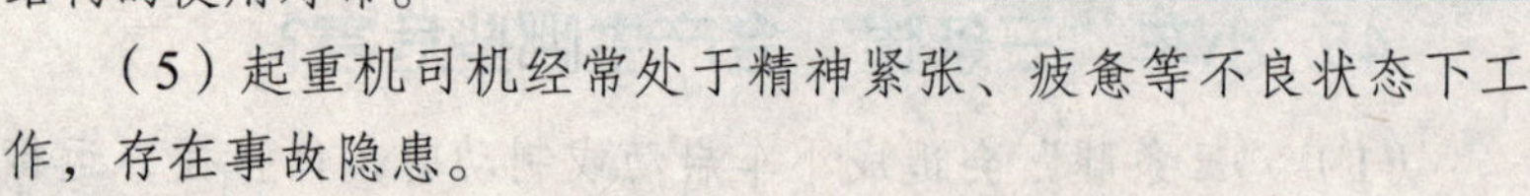

【知识学习】

“啃轨”俗称“啃道”“咬道”，起重机的大、小车在正常运行时车轮轮缘与轨道侧面会有一定的间隙，最大间隙为

30～40 mm，使起重机在运行时，车体和轨道的直线有一个相对有限的偏离范围，便于运行。

在正常情况下，允许车轮缘和轨道侧面有一定的摩擦，完全避免摩擦是不可能的。

在起重机出现异常时，这个间隙被破坏，车轮缘与轨道侧面出现了较为严重的偏离，形成了强行接触引发严重的挤压、摩擦，相继出现的是车轮轮缘、轨道侧面明显的磨损，这种现象称为车轮“啃轨”。

47. 主梁变形对起重机的安全技术性能的影响是什么?

（1）对大车运行的影响：造成大车运行“啃道”、传动系统机件损坏，由于传动系统的受损而引发的大车运行振动等。

（2）对小车运行的影响：由于主梁的变形引发小车轨道失去安装精度，导致小车运行时出现“三条腿”、运行阻力增大、小车重载“溜车”、打滑、车轮“啃轨”、脱轨、电动机烧毁等。

（3）对金属结构的影响：由于主梁的变形，使箱形主梁的下盖板与腹板下缘的拉应力达到屈服点，更严重的则出现裂纹。继续频繁使用就会增大变形，加大裂纹，最终导致主梁无法修复而报废。

【相关链接】

门式起重机按主梁结构形式分为单主梁门式起重机和双梁桥式起重机。

单主梁悬臂门式起重机结构简单，制造安装方便，自身质量小，主梁多为偏轨箱形架结构。与双主梁门式起重机相比，

整体刚度要弱一些。因此，当起重量$Q \leqslant 50$ t、跨度$S \leqslant 35$ m时，可采用这种形式。单主梁门式起重机门腿有L形和C形两种形式，L形的制造安装方便，受力情况好，自身质量较小，但是，吊运货物通过支腿处的空间相对小一些。C形的支脚做成倾斜或弯曲形，目的在于有较大的横向空间，以使货物顺利通过支脚。

双梁桥式起重机承载能力强，跨度大、整体稳定性好，品种多，但自身质量与相同起重量的单主梁门式起重机相比要大些，造价也较高。根据主梁结构不同，双梁桥式起重机又可分为箱形梁和桁架两种形式。目前一般多采用箱形结构。

48. 天车栏杆安全技术标准是什么?使用中有哪些要求?

栏杆高度应为1 050 mm，并应设有间距为350 mm的水平横杆。底部应设置高度不小于70 mm的围护板。

栏杆上任何一处都应能承受1 kN（100 kgf）来自任何方向的载荷而不产生塑性变形。

因在空中润滑或维修，而在臂架上设置栏杆，其扶手应能悬挂安全带挂钩，并应能承受4.5 kN（450 kgf）的载荷而不被破坏。

使用中不得跨越，不得钻爬，不得脚踏栏杆攀越起重机。

【相关链接】

天车组装时应当注意将轮箱、天车横担、定滑轮正确组装，并保证天车轨距，轨距极限偏差为±2 mm。

49. 为什么说“找正”是稳起、稳落重物的关键操作?

吊运物件时，把吊钩准确地停在被吊物件的上方，司机们把这一操作叫做“找正”（起车稳钩），这是停在吊物上方的第一步，这一步完全是靠司机的目测来完成的。一般情况下，经过“找正”后吊钩与吊物已经基本处于铅垂线上了，即便是有些差异，也可在司索工指挥下，纠正这一差异。

大车“找正”比较容易掌握，因为吊钩是在司机的正面偏斜少许的位置上。小车“找正”，可用观察吊物的钢丝绳受力情况来判断。假设吊钩一侧的钢丝绳先受力，另一侧钢丝绳后受力，就说明吊钩没有完全对正吊物。司机应把小车向绳子先受力的一侧适当点动，当两侧绳子受力相等时，小车即停在正确位置上。

在吊物两侧钢丝绳受力不均情况下，强行吊起重物，将在重物脱离地面的瞬间，出现向后受力一侧摆动，偏斜越大摆动越大，如果地面人员没有及时躲避，必然会发生挤压、碰撞等安全事故。

同样的道理，在落钩时也存在着“找正”问题，只有正，才能准。

【相关链接】

在吊装各种物体时，为避免物体的倾斜、翻倒、转动，应根据物体的形状特点、重心位置，正确选择起重吊点，使物体在吊运过程中有足够的稳定性，以免发生事故。

起重作业中，吊点的选择应从物体稳定性入手，考虑物体放置和吊运过程的稳定可靠性，这两方面是起重吊运及起重吊点选择的安全要素。

50. “一般稳钩”的基本方法是什么?

“一般稳钩”是指司机将运行机构的控制器拉回零位时，吊钩出现摆动，当吊钩摆动接近顶点（即摆到终点即将往回摆的一瞬间）时，将运行机构向摆动的方向顺势跟车，使钢丝绳垂直。

假设摆动的估计向量模为500 mm，那么，顺势跟车的估计向量模也应当是500 mm。实际操作中，视觉的估计未必就这样准确，从理论上讲，大多数人不可能估计得分毫不差，只要掌握好顺势跟车的原理，就能使钢丝绳垂直。一个好的司机讲究的就是“稳车到位率”，到位率越高车越稳。

【相关链接】

吊点选择的基本要求：

（1）吊点的选择必须保证被吊物体不变形、不损坏，起吊后不转动、不倾斜、不翻倒。

（2）根据被吊重物的结构、形状、体积、重量、重心等特点以及吊装要求选择吊点位置。

（3）吊点的选择必须根据被吊物体运动到最终状态时重心的位置来确定。

（4）吊点的多少必须根据被吊物体的强度、刚度和稳定性及吊索的允许拉力来确定。不论采用几点吊装，都始终要使吊钩或吊索连接的交点的垂线通过被吊物体的重心。

（5）吊点的选择必须保证吊索受力均匀，各承载吊索间的夹角一般不应大于60°，其合力的作用点必须与被吊物体的重心在同一条铅垂线上，保证吊运过程中吊钩与吊物的重心在同一条铅垂线上。

（6）对于原设计有起吊耳环或起吊孔的物体，吊点必须按设计要求选择。

（7）对于物体上有吊点标记的，吊点必须按标记要求选择，不得任意改动。

（8）在起吊物说明书的吊装图中有明确规定的，应按吊装图找出吊点吊运。

51. 为什么在起重机主梁及小车轨道上严禁人员站立或行走？

起重机操作属于“高处作业”。人员站在主梁上、小车轨道上以及在轨道上行走都是十分危险的，极易造成“高处坠

落”的伤亡事故：

（1）主梁上盖板是平钢板焊接的，无防滑功能，它的宽度窄且无栏杆扶手，或是存有油污和异物。

（2）站在主梁上或站在小车轨道上行走时，如遇到突然的变故如暴风及其他外界原因，造成车体突然振动或移动等。

（3）司机的身体临时出现不适或遇突然惊吓等。

（4）因工作需要必须在主梁上作业时，要有可靠的安全措施和防护，如通知相邻的起重机，司机室加锁，系好安全带等。

【相关链接】

根据《建筑施工高处作业安全技术规范》（JGJ 80—1991）的有关规定，高处作业是指在坠落高度基准面2 m以上（含2 m），有可能坠落的高处进行的作业。

建筑施工的高处作业主要包括临边、洞口、攀登、悬空、操作平台及交叉等作业。

高处作业工作量大、操作人员多、员工的流动性大，加上多工种的交叉、立体作业，并且临时设施多，现场条件差，各种不安全因素多，事故发生也较多。“高处坠落、物体打击、机械伤害、触电、坍塌”这5大伤害严重威胁着建筑施工单位职工的健康和生命安全，而“高处坠落”又被列为建筑施工“五大伤害”之首，事故发生率极高，约占各类事故总数的50%以上，危险性极大。

52. 如何确保吊运“地下埋藏物”的操作安全?

不允许吊运地下埋藏物是从安全角度上考虑和规定的。但是，有时现场工作中也会遇到“非吊不可”的情况（不吊走更

不安全或影响其他工作进展)。从这个意义上讲,单纯地强调"不吊"也是片面的。为保证吊运"地下埋藏物"操作安全,必须做到:

(1)埋在地下物件的周围必须完全暴露。

(2)所有的连带物、周围的不明物和危险物必须清除。

(3)做好清理工作,必须采取有效的安全措施,如放安全坡、设围栏、装设警示灯等。

(4)做好吊运前的其他准备工作。

(5)如果起重司索工需在坑下指挥时,必须有防止吊物滚落入坑的安全措施,若不能确保安全时,必须在地面上指挥。

(6)司索工与司机的视线受阻,不能同时看清彼此或负载时,必须增设中间司索工,以便逐级传递信号。

(7)在确认不超载,安全无误后才可吊运。

(8)严格执行其他的有关规定。

【相关链接】

起重机在安装之后,都要进行运行前的试车,试车前准备和检查的内容包括:

（1）切断全部电源，按图纸尺寸和技术要求检查全机：各紧固件是否牢固，各传动机构是否精确和灵活；金属结构有无变形，钢丝绳绕绳是否正确，绳头捆扎是否牢固。

（2）检查起重机的组装是否符合要求。

（3）电气设备必须完成下列工作后方可试车：用兆姆表检查全部电器系统和所有电气设备的绝缘电阻；切断电路，检查操纵线路是否正确和所有操纵设备的运动部分是否灵活可靠，必要时进行润滑。

（4）用手转动起重机各部件，应无卡滞现象。

53. 用两台起重机同时起重、吊运同一物件时，如何确保安全？

（1）组织由技术、安全、生产、指挥司索、司机等相关单位及人员参加的专题会议，研究、制定出可行的吊运方案、工艺以及安全防范措施。并指定专人负责组织协调。

（2）对吊运物件的重量进行精确计算，根据起重机额定起重量，计算吊物的吊点，并校核所用吊具的强度和刚度。对全部涉及此次吊运的吊具（如钢丝绳、销轴、卸扣等）都要检查，确保安全。

（3）对两台起重机的机械、电气和金属结构进行全面检查，特别是起重机的三大安全构件（制动器、吊钩和钢丝绳）要重点检查。

（4）两台起重机在起吊前必须进行同步试吊，经确认各系统均无任何问题后，再同时开动两台起重机起升机构同步慢速起吊物件，当离开地面约200～300 mm后，下降制动，最后确认起升机构制动器的可靠性，试吊无问题方可进行正式吊运。

（5）两台起重机都要做到启动平稳，吊运中必须做到操作协调。保持速度、动作同步及吊物水平，起重机钢丝绳和捆绑钢丝绳必须全程保持垂直，吊物应全程保持水平；司机在全程操作中应时刻注意地面指挥司索工的信号，随时调整起重机的运行速度，这是确保吊运安全的关键。

（6）两台起重机的各机构都应以最低速操作，两车的司机每次只能操作同一个控制器，不允许同时开动两个控制器。制动时也要保持同步和平稳，不准制动过猛，以减小惯性和振动。

【相关链接】

同时用两台起重机吊运同一负载时，指挥人员应双手分别指挥各台起重机，以确保同步吊运。

54. 变频起重机必须严格遵守哪些安全技术要求?

（1）进行调试、使用、维护工作，断开电源后，必须等变频器充电指示灯熄灭后方可触摸柜内器件，再进行作业，否则可能造成触电事故。

（2）禁止将输入电源和变频器的输出端子U、V、W相连接，连接会烧毁变频器。禁止变频器的输

出端子U、V、W相间短路或接地，否则将损坏变频器。

（3）绝对不允许用兆欧表测试变频器输出端子U、V、W之间或对地的绝缘电阻，否则有可能损坏变频器。

【知识学习】

人们在起重机械的起升调速方式上进行了较多的新技术应用尝试，比如：采用多极电动机的调压调速，引进变频调速等。逐渐地，随着变频技术的不断发展，不断地被人们认识，它以绝对的优势超越了其他的任何调速方案。其优点数不胜数，如：零速抱闸，对制动器无磨损；任意低的就位速度，可用于精确吊装；速度的平滑过渡，对机构和结构件无冲击，提高了塔式起重机的运行安全性；极小的启动电流，减轻了用户电网扩容的负担；几乎任意宽的调速范围，提高了塔式起重机的工作效率；节能的调速方式，减少了系统运行能耗；单速的鼠笼电动机保证了机构的运行可靠性等。

55. 变频桥式起重机安全操作，应注意哪些问题?

（1）检查供电、控制系统情况。开车前，要检查电源是否有电，测试启动按钮、停止按钮是否安全可靠；要检查所有的控制器手柄是否放在零位；舱口门开关及端梁门开关的可靠性；变频起重机带有故障报警装置，报警指示灯安装在控制台上并标注具体故障部位。

（2）鸣铃起车，起车要平稳，逐级加、减速。变频起重机一般都是四挡控制速度，大、小车各挡给定速度分别为20%、30%、50%、100%，主、副钩起升各挡给定速度分别为10%、25%、50%、100%，调速比均为1：10。手柄从零挡至第一挡时，瞬时运行机构不动作，待数秒后才能启动，一般为1～3 s。各挡位之间也有加减时间的设定。

（3）紧急开关不能当做普通开关使用，只有在紧急情况下才能使用。如果按下或拉下此开关，会使保护配电盘总断路器释放，司机要想启动合闸，必须到车上重新推合主隔离开关。

（4）尽量避免反复启动，反复启动会使吊钩游摆，启动次数增多还会超过起重机规定的工作级别，增大疲劳强度，加速设备的损坏。过于频繁的启动，还会造成运行机构或起升机构无动作。如出现无动作，司机无需查找故障，只需按下复位按钮即可消除此故障。复位按钮也安装在控制台上。

【相关链接】

变频桥式起重机禁止“打反车”停车制动，因在变频器内部进行程序控制必须等电动机转子降低到一定转速或停止转动时，才能改变运行方向。所以，在运行至所停位置前，必须提前减速慢行，否则会有发生碰撞的危险。

塔式起重机安全技术知识

56. 塔式起重机起升机构由哪些部件组成?起升机构安装在什么位置?

起升机构是塔式起重机进行垂直升降的传动装置，由电动机、制动器、传动轴、减速器、卷筒、钢丝绳、滑轮组和吊钩组成。

按照调速方式的不同，起升机构大体可分为五类：多速电动机变极调速的起升机构、电磁离合器换挡的起升机构、差动行星减速器加双电动机驱动的起升机构、涡流制动的多速绕线转子电动机驱动的起升机构、变频无级调速的起升机构。

塔式起重机的变幅机构也是一种卷扬机构，由电动机、变速箱、卷筒、制动器和机架组成。塔式起重机的变幅方式一般有两类：一类是起重臂为水平形式，载重小车沿起重臂上的轨道移动而改变幅度，称为小车变幅式；另一类是利用起重臂俯仰运动而改变臂端吊钩的幅度，称为动臂变幅式。

电动机、制动器、传动轴、减速器、卷筒安装在塔身下部的卷扬机室内，运行小车在平衡臂上行走的塔式起重机起升机构安装在平衡臂上。

【法律提示】

《建筑施工塔式起重机安装、使用、拆卸安全技术规程》（JGJ 196—2010）第3.1.3条和3.4.1条分别规定：

行走式塔式起重机的轨道及基础应按照使用说明书的要求进行设置，且应符合现行国家标准《塔式起重机安全规程》GB 5144—2006及《塔式起重机》GB/T 5031—2008的规定。

安装前应根据专项施工方案，对塔式起重机基础的下列项目进行检查，确认合格后方可施工：

（1）基础的位置、标高、尺寸。

（2）基础的隐蔽工程验收记录和混凝土强度报告等相关资料。

（3）安装辅助设备的基础、地基承载力、预埋件等。

（4）基础的排水措施。

57. 下、上回转塔式起重机有何特点?

下回转塔式起重机将回转支撑、平衡配重主要机构等均设置在下端。其优点是：塔臂所受弯矩较小，重心低，稳定性好，安装维修方便。缺点是：对回转支撑要求较高，安装高度受到限制。

上回转塔式起重机将回转支撑、平衡配重主要机构等均设置在上端，其优点是塔身不回转，可简化塔身下部结构，顶升加节方便。缺点是：当建筑物超过塔身高度时，由于平衡臂的影响，限制起重机的回转，同时重心较高，风压增大，压重增

加，使整机总重量加大。

【相关链接】

回转机构是通过回转支撑及其装置使塔式起重机作360°全回转。回转机构由回转支撑装置和回转驱动装置两部分组成。回转支撑装置将整个回转部分（包括吊臂、司机室、平衡臂、起升机构等）支持在固定部分上并承受起重机回转部分作用于它的垂直力、水平力和倾覆力矩。在回转限位开关的作用下，塔式起重机左、右回转运动一般限定为两圈。

塔式起重机回转机构由电动机、液压耦合器、制动器、变速箱和回转小齿轮等组成。回转机构的传动方式一般是电动机通过液压耦合器、变速箱带动小齿轮围绕大齿圈转动，驱动塔式起重机回转机构以上部分作回转运动。

58. 塔式起重机安装、拆卸安全作业的关键是什么?

塔式起重机安装、拆卸安全作业的关键是人员组织和对路基、地锚的安全技术检验。

从事塔式起重机的安装和拆卸作业，要由有资质的专业部门（施工队）实施。

施工队要有明确分工，参加高处作业

的人员必须遵守高处作业的安全操作规程。

作业区内有妨碍作业的电线（动力线、照明线、电话线等）必须拆除，作业区周边要设立警戒线，与此作业无关的人员不准进入。

在安装之前必须对路基、轨道、地锚等进行认真的安全技术监测，保证基础安全。

安装、拆卸过程中要有安全、技术人员到场，要有专人负责统一指挥。

【相关链接】

电源是塔式起重机动力与照明的来源，塔式起重机电源采用双线供电，即采用380 V、50 Hz三相五线制作为主电源，采用220 V、50 Hz三相五线制作为照明电源，采用三级配电，TN-S接零保护和二级漏电保护系统。供电线路的零线应与塔式起重机的接地线严格分开，工作零线用作塔式起重机的照明等220 V的电气回路中；专用保护零线用作塔式起重机的设备外壳上，常称PE线，首端与变压器输出端的工作零线相连；中间与工作零线无任何连接，末端进行重复接地。沿塔身垂直悬挂的电缆，应采取护套绝缘电缆固定保护措施。

59. 塔式起重机安装架设的一般安全技术要求有哪些规定?

（1）作业前，要充分掌握和了解塔吊的性能和特点，透彻理解和严格遵守该塔吊《使用说明书》中规定的安装架设顺序和方法。《使用说明书》中，对使用的起重设备的能力、吊装各部件的重量、重心位置、外形尺寸、吊点高度等都有说明。

（2）正式吊装前，在仔细检查起重设备、吊装索具后，还应进行试吊，确认安全可靠后，方可正式吊装。

（3）主要技术负责人和现场指挥司索人员要有相应的资质证件或操作证。安装架设时，要注意观察、监视，统一指挥，联络可靠。起升过程中任何人不得随意在现场走动。

（4）必须严格按照设计规定安装零部件，不得随意改变各部位的原设计；任何修改都应经专职技术人员同意方可执行。各零件间应连接正确、可靠。

（5）安装架设时要注意风速变化，风速必须低于设计规定才能施工，一般不应超过13 m/s。

（6）安装架设后，必须严格检验。

【相关链接】

塔式起重机司机的安全职责主要有：

（1）司机必须听从指挥人员的指挥，当指挥信号不明时，司机应发出“重复”信号询问，明确指挥意图后，方可开车。

（2）司机必须熟练掌握标准规定的通用手势信号和有关的各种指挥信号，并与指挥人员密切配合。

（3）当指挥人员所发信号违反本标准的规定时，司机有权拒绝执行。

（4）司机在开车前必须鸣铃示警，必要时，在吊运中也要鸣铃，通知受负载威胁的地面人员撤离。

（5）在吊运过程中，司机对任何人发出的“紧急停止”信号都应服从。

60. 塔式起重机安装架设场地的选择有哪些规定？

（1）塔式起重机运动部分与周围建筑物的最小间距不能小

于0.5 m。与架空输电线的安全距离不得小于相关规定。

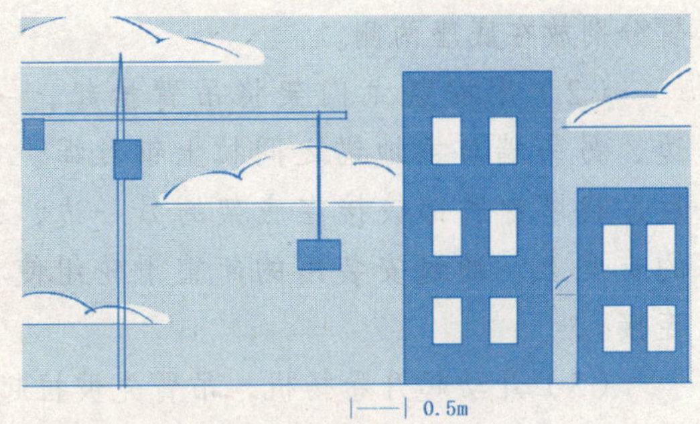

（2）应保证塔式起重机回转时不掠过周围建筑物和街道上空。

（3）场地的大小应适合组装部件的长度。

（4）道路适于运输车辆和自行起重设备方便地进出。建筑物竣工后，要保证塔式起重机能方便地拆卸。

【相关链接】

塔式起重机按架设方式分为快装式塔式起重机和非快装式塔式起重机。

（1）快装式一般为自行架设塔式起重机，即依靠自身的动力装置和机构能实现运输状态与工作状态相互转换的塔式起重机。

（2）非快装式一般为非自行架设塔式起重机，即依靠其他起重设备进行组装架设成整机的塔式起重机。

（3）快装式与非快装式塔式起重机的区别是快装式安装拆卸方便，采用液压顶升装置实现增加或减少塔身标准节，塔式起重机起升高度适应建筑物高度的变化。

61. 上回转塔式起重机的旋转安装法主要内容是什么?

（1）在指定位置埋设主、副两个地锚。用汽车起重机把塔式起重机底座放在轨道上，并稳固好。地面组装好的塔身和吊

臂分别放在底座两侧。

（2）用安装龙门架将吊臂抬起，一端铰接在底座的一边，另一端与主地锚之间拉上钢丝绳。待塔身上的构件装好后，将塔身底部铰接在底架的另一边，顶部放在预先准备好的支座上，通过安装用的起重滑轮组使塔身顶部与吊臂一端连接。

（3）开动起升卷扬机，吊臂先被拉起，当端部的拉绳拉紧后，塔身便开始升起。当塔身重心接近底架与塔身底部连接的铰点时，稍收紧保险绳，防止塔身立“过头”。再慢慢开动卷扬机，待塔身重心刚一超过连接铰点时立即刹车，停止起升机构。然后借助螺旋千斤顶等辅助工具，并配合放松保险绳，将塔身慢慢就位在底座上。

（4）塔身立直稳定后，再利用起升机构安装平衡臂、平衡配重和吊臂。

起重机的拆卸过程虽然与安装过程的顺序相反，但技术要求却相同，无论竖立或者放倒塔身，都必须演算各结构件的安装应力。

【知识学习】

上回转塔式起重机，是指回转支撑装设在塔机的上部的塔式起重机，其特点是塔身不转动，在回转部分与塔身之间装有回转支撑装置，这种装置既将上、下两部分系为一体，又允许上、下两部分相对回转。按照回转支撑构造形式，上回转部分的结构可分为塔帽式、转柱式、平台式和塔顶式几种。其优点是：起重能力大，能够附着，起升高度比较高。由于塔身不回转，可简化塔身下部结构、顶升加节方便。

62. 液压顶升的安全操作应注意哪些问题?

(1)顶升时，发现油压升高异常时，应停机检查，排除危险因素后再继续顶升。

(2)下降操作中切忌带负荷调节，每次预调开度一般只应旋松1/4圈，不能过大，以防管路爆裂而自由下落。

(3)溢流阀设定压力过小，可能无法顶升；过大，则损坏液压系统。

(4)液压管路必须充分排气，油液保持清洁，油量足够，接头连接可靠，上升和下降时的油进出口绝不能接反。

(5)顶升前，应按说明书规定调整顶升部分重心位置，使其重心线位于顶升油缸轴线上，保证顶升平稳，减轻液压系统负荷。

(6)顶升前，应注意将臂架转到规定位置，并使回转机构制动，顶升中臂架不能转动。

(7)吊装标准节时，应按规定将塔身与回转下支座连接好，顶升套架不能承受载荷，以免引起套架屈曲失稳。

(8)顶升横梁、套架与塔身的支撑必须牢靠，防脱装置要卡好。

（9）套架顶起后，塔顶与塔身只靠较弱的套架连接，不能中途停止安装。

（10）作业结束后，套架应降到塔身底部，以降低迎风阻力，减小上部的质量。

【知识学习】

液压顶升机构是指用于自升式塔式起重机塔身升高或降低的液压动力系统。通过电动机驱动液压泵，将电能转化成液压能，再经过控制阀驱动液压缸转变为机械能驱动负载，使下支座以上部分与塔身标准节脱开，来完成塔身的升高或降低。

液压顶升机构由电动机、齿轮泵、手动换向阀、油缸、爬爪等组成。

63. 为什么采用保护接零措施后仍有安全隐患？

在三相四线制中性线接地的电网中，塔式起重机采用接地保护措施。

当塔式起重机金属结构漏电时，漏电电流直接回到零线，形成相零短路，由于线路电阻小，电流大，很快将漏电线路上的熔断器断开，这样就切断了漏电电源，起到保护作用。

但是，由于工作零线在用电不平衡时有电流流过，而零线上存在一定的电阻，因此，零线上就能产生一定的电压，当设备的金属外壳接零时，也就产生了一定的电压，同时产生安全隐患。

在同一电网中，不允许有的设备接零，有的设备接地。当接地设备漏电时，零线对地也会产生电压，所有接零设备就会带电，造成更大范围的安全隐患。

【血的教训】

某年7月，某建筑施工公司施工三队在施工中，瓦工一班班长王某、严某二人准备吊物，当王某双手扶吊钩指挥起吊时，突然大喊“有电……”，随即昏厥倒下，经抢救无效死亡。

吸取教训，避免此类事故：

（1）此塔吊接地保护失灵，存在缺陷。当起重机上的照明系统启动时，致使整个塔吊带电。

起重机通过塔吊轨道实现与大地的连接，地线的对地电阻应小于4 Ω。施工工地在现场安装设备时，必须对起重机实现接地保护。安装保护后还要测试，确保合格后起重机方可投入使用。

（2）该塔吊改装了原来的12 V的低压照明灯，改为220 V的碘钨灯，但仍用原回路。12 V照明灯是用起重机铁架做回路的，改装碘钨灯时只是把12 V变压器拆掉后接入220 V的电源，碘钨灯一开就导致车体带有220 V电压。

起重机固定式照明装置的电源电压不应超过220 V，应使用变压器将380 V变为220 V，严禁用起重机不带电的金属部分作照明线路的回路，因起重机振动或其他原因，会导致回路连接点出现氧化，使整台塔吊带电。照明系统是起重机三大线路之一，应设专用电路，电源应由起重机主刀闸进线端分接。当刀闸切断电源时，照明不会断电，照明系统应设短路保护。

此事故中塔吊司机没有触电，已属侥幸。

【知识学习】

三相五线制就是在三相四线的基础上，加一根专用保护零线（常称PE线），首端与电源端的工作零线相连，中间与工作零线无任何相连，末端重复接地。由于专用保护零线平时无任何电流流过，设备外壳接在保护零线上，不会产生任何电压，因此能起到比较可靠的保护作用。

采用保护接零的措施必须保证设备的过载短路保护装置的可靠性，选择熔断器保护时，不能盲目加大保险容量，以保证熔断器的熔断作用。

目前，在很多塔式起重机中，已经使用三相五线制供电系统。

64. 塔式起重机超载的特点是什么?

塔式起重机超载区别于其他起重机超载，其他起重机超载往往是在起升时发生，而塔式起重机更多的超载是在运行过程中发生。

如果超载，再加上其他不利于稳定因素的综合影响，就可能造成塔吊倾翻事故。多数塔吊的倾翻事故都是强行超载造成的。

【血的教训】

某年11月，某建筑公司施工二队晚上加班，用一台动臂式塔吊吊土回填楼房基础。从楼的东面吊起一斗土，吊约6 m多高后，向南转臂90°就位。指挥人员给落钩信号后，突然听见塔吊司机提某高喊“起重机要倒!”瞬间塔吊向南倒去，塔吊顶端砸断高压电线起火，并砸坏了两间平房（未伤人），司机提某在塔吊操作室里昏迷不醒，经医院抢救无效死亡。

吸取教训，避免此类事故：

（1）当时塔吊的回转半径为14.7 m，按规定此时的起重量不能超过1.1 t，但吊运的铁斗和土的总质量已达1.6 t，说明已经超载0.5 t左右。

塔吊司机操作时一定要注意控制好回转半径，要明白力与力矩、力臂的关系。

（2）此动臂式塔吊存在着设备缺陷：一是配重铁的规格不符合规定；二是塔吊时常出现故障，并未处理，强行使用；三是塔吊没有超载限制器。

在配重铁不符合要求、没有超载限制器的状态下，塔吊是不能使用的。司机和安全管理者都应严格执行相关规定，有隐患的起重机绝对要先处理后才能使用。

吊臂和配重铁的平衡处于一个相对平衡的状态，也就是说，塔吊的支撑必须承受一定的转矩才能使整个系统的转矩平衡。

露天建筑工地经常由于被吊物件质量不等、材料干湿程度不同而难以准确地估其质量。必须安装能防止起重机超载倾翻的超载限制器。

（3）此事故的司机提某，是专职司机，但是没有经过专门培训，也没有师傅监护。在重物吊离地面后，提某带负荷变幅

是一种违章作业。

塔吊司机操作动臂式起重机时切记：变幅机构只能空载运行，负载时不得变幅。

65. 什么是突然增加的惯性力引起的塔式起重机超载?如何预防?

塔式起重机的额定起重量只能在规定起升速度的前提条件下才能实现。当起升速度超过该速度规定的起重量时，起升惯性力增加。此时，超载限制器会动作。重物快速下降时，如果越级减挡或迅速制动，重物产生向下的惯性力。回转时越级增、减挡，突然制动或反挡都会产生较大的冲击力，对塔身形成过大的扭转矩，破坏起重机的稳定性。

应保证超载限制器及高速挡超载限制器的工作可靠性，在起升、下降、回转操作中不允许过快、过猛。要根据载荷质量选择适合的工作速度，调速时应逐级增、减，禁止越级调速。重物升、降应采用匀速，不得忽快忽慢、突然制动。回转动作要保持平稳，不得作反向制动。

【相关链接】

塔机基础设计是基于能够保证塔机承受总荷载（包括风荷载、吊载和惯性力）并保证塔机垂直度的因素。塔机安装后垂直度（自由高度）应小于4‰，塔机基础上平面水平度应小于等于3 mm。

66. 什么是“歪拉斜拽”引起的塔式起重机超载？怎么预防?

“歪拉斜拽”是起重机操作中较为普遍的不规范操作。

“斜拉歪拽”不但加大了塔吊垂直起升负载，同时还会使塔吊产生一个水平分力，使起重臂增大侧向变形，对塔身产生一种附加的倾覆力矩，加大了塔吊的不稳定性，因失稳而倾覆。

杜绝“斜拉歪拽”现象，不但要从司机做起，而且，吊挂人员、指挥司索人员都要认真对待，从根本上加以杜绝。

【血的教训】

某年2月18日，某建筑公司机械处第十四塔吊组在建楼工地配合施工。

吊装楼梯休息平台时，因平台堆放位置在安全网内，距安全网0.4 m左右，吊物下降到距地面1.5 m时，司机自动停止下降，操作起重臂向南转动，想利用回转斜牵引力使吊钩脱离已经被挂住安全网。当吊钩脱离安全网的瞬间，吊物向南摆去。

在距离吊物堆放点3 m左右，堆放着一些大模板。木工组长李某正在两块大模板中间清理模板上的混凝土，李某的站位处于司机看不见的死角。当吊物向模板摆去时，李某躲闪不及，其右腕部被挤在模板与吊物中间，造成腕骨骨折。

吸取教训，避免此类事故：

（1）塔吊司机在被吊物平台挂住安全网时，不应进行后续的操作，应让起重司索人员做相应的处理后再进行操作。

安全规程规定：在无法看清场地、被吊物和指挥信号等情况下，司机不能进行操作。

（2）塔吊司机在平台挂住安全网时，不应操作起重臂向南转动，因回转时已经处在“斜拉歪拽”状态。

司机对“斜拉歪拽”将产生的危险状态要有预见性，因为在此状况下休息平台出现荡摆是必然的。

（3）木工组长李某站位处于司机看不见的死角，自我保护、自我防范意识淡薄。

在施工现场，每一个人都应首先做好自我保护，包括站位安全。特别是处于类似立体交叉作业现场时，不但要顾及四周，还要注意上下。

（4）施工现场的构件堆放不符合安全要求。休息平台的码放，大模板的码放都不符合安全规定。

现场码放要整齐划一，要有次序、层次，要求安全管理者切实做好，从根本上做到防患于未然。

67. 塔式起重机基础下沉、倾斜，司机应当怎么办?

（1）立即通知地面人员撤离危险区。

（2）应立即停止作业，并将回转机构锁住，限制其转动。

（3）通知安全管理人员、技术人员采取防止事态进一步恶化的措施。

（4）根据情况设置地锚，控制塔吊的倾斜。

起重机基础下沉、倾斜的防范主要靠日常的检查、监测，将下沉控制在可控范围内，任何防范都必须是主动的，当事态发展到不可控时，一切就都晚了。

【相关链接】

租赁其他单位的塔式起重机时，使用单位应在整机安装之前对塔式起重机基础进行地基承载试验，并将合格报告提交塔机安装单位。

68. 什么是附加载荷引起的塔式起重机超载？如何预防？

在工地上遇到最多的附加载荷就是风载荷，特别是在吊装大模板时，因风向、风力和起重臂迎风面的突然变化，使塔吊受力状态在瞬间发生变化。当大模板迎风面较大时，风载荷急剧增加甚至吹着变幅小车滑向起重臂端头，使载荷远远超出起重力矩，导致极限器回转失控。风载荷的大小与风速成正比，风载荷过大必然增大塔吊倾倒的可能性。

工作前应了解当天的天气情况，特别是当风速超过6级以上时，安全管理人员应通知司机停止吊装作业。

【相关链接】

安装、拆卸、加节或降节作业时，塔机的最大安装高度处

的风速不应大于13 m/s。当有特殊要求时，按用户和制造厂的协议执行。

69. 塔式起重机司机安全操作技术基本要求有哪些？

（1）司机必须身体健康，两眼视力良好，无色盲，无听力障碍。必须通过安全技术培训，取得特种作业人员操作证，方可独立操作。

（2）司机必须熟知所操作塔吊的性能、构造。按安全规程进行操作，严禁违章作业。

（3）司机应熟知机械的检修、保养知识，按规定对塔吊进行日常维护保养。

（4）作业前，司机应将夹轨器提起，清除轨道上的障碍物等，使用前应进行试吊。

（5）作业时，司机应将驾驶室窗子打开，操作时服从指挥司索工的指令信号。

（6）同一轨道工作平面上有多台塔吊作业时，应保持一定的安全距离。

（7）塔吊行走到接近轨道限位开关时，应提前减速停车，不得撞击终端挡。

（8）起吊时起重臂下不得有人停留或行走，起重臂、物件必须与架空电线保持安全距离。

（9）变幅操作必须在空载下进行，不能与回转、起升、运行三种操作中任何一种同时进行。

（10）下降重物严禁自由下落，重载下降时不得使用控制器低挡位。

（11）操作中必须坚持“十不吊”的安全操作规定。

（12）作业完毕后，塔吊应停放在轨道中部，臂杆不应过高，应顺向风源，卡紧夹轨钳，打开回转机构缩紧制动装置，切断电源。

（13）塔吊顶升时必须放松电缆，放松长度应略大于总的顶升高度，并固定好电缆卷筒；应把起重小车和平衡配重移近塔帽，并将旋转部分刹住。

【相关链接】

日常维护保养是塔机司机的工作职责，司机应在每班前后按使用说明书的规定做好相关工作，同时对临时出现的故障进行排除和修理。检查主要以目测检查和功能测试为主，检查中发现难以解决的问题，应当报告使用单位技术人员组织检修，检修和维护保养情况应当记入交接班记录。

70. 塔式起重机平衡臂、起重臂折臂如何处理？

（1）塔吊不能做任何动作，司机及地面人员应立即撤离危险区域。

（2）启动抢险预案。

（3）根据情况采用焊接等手段，将塔吊结构加固，或用连接方法将塔吊结构与其他物体连接，防止塔吊倾翻和在拆除过程中发生意外。用2~3台适量吨位的起重机，一台锁起重臂，一台锁平衡臂。其中一台在拆臂时起平衡力矩作用，防止因力的突然变化而造成倾翻。

（4）按抢险预案规定的顺序，将起重臂或平衡臂变形的连接件取下，用气焊割开，用起重机将臂杆取下。

（5）按正常的拆塔程序将塔吊拆除。

【相关链接】

塔式起重机的金属构件也属于易损构件，主要表现在以下方面：

（1）塔身、吊臂、平衡臂长期受外力影响，容易变形、脱焊。

（2）长期露天作业，风吹、雨淋、日晒，保养滞后致使金属结构锈蚀严重。

（3）塔帽长期承受巨大的弯矩力，使塔帽主弦杆根部和与之相连的支撑面板产生裂纹。

（4）附属装置的走台、平台、栏杆部分受外力影响，易变形、脱焊。

流动式起重机安全技术知识

71. 流动式起重机主要分为哪几类?

（1）汽车起重机。汽车起重机使用汽车底盘，具有汽车的行驶性能。其优点是：行驶速度高、机动灵活，可快速转场等，是流动式起重机中使用量最多的起重机。缺点是：运行中不能负载，起重时必须架设支腿。

（2）轮胎起重机。轮胎起重机采用专门设计的轮胎底盘，轮距较宽，稳定性好，起重量较大，可回转形成四面作业，在平坦的地面上可不用支腿且能负载行驶。

（3）履带式起重机。履带式起重机是靠履带装置行走，安装在履带底盘上的起重机。其优点是：履带与地面接触面积大，可在松软、泥泞地面上作业；牵引系数高、爬坡角度大，可在崎岖不平的场地上行驶；因支撑面宽大，稳定性好，一般不需要设置支腿。缺点是：体积大、笨重；行驶速度慢；对路面损坏严重，成本高。

（4）铁路起重机。铁路起重机作业部分安装在专用底盘上，专门从事铁路上的吊运工作，工作局限性大。

【相关链接】

起重机械按其功能和构造特点，可分为三类：

第一类是轻小型起重设备，其特点是轻便，结构紧凑，动作简单，作业范围投影以点、线为主。

第二类是起重机，其特点是可以使挂在起重机吊钩上或其他取物装置上的重物在空间实现垂直升降和水平运移。

第三类是升降机，其特点是重物或取物装置只能沿导轨升降。

72．流动式起重机的支腿作用是什么？有何安全技术要求？

起重作业时，支腿外伸撑地，将起重机轮胎抬离地面。整机行驶时，支腿收回，轮胎与地面接触。支腿安装在起重机的底架上。

支腿的作用是：分散压力，降低压强。支腿下面应垫枕木，加大与地表的接触面，同时也可防止起重机在重载时引发爆胎或压坏地面。

支腿机构的安全技术要求：

（1）液压支腿在作业状态和非作业状态均应有销定装置。

（2）伸缩支腿侧面间隙不大于3 mm，垂直平面内的间隙不大于5 mm。

（3）支腿不得有裂纹、开焊和安全技术缺陷。

（4）不得随意更改支腿的跨距。

（5）支腿滑道应保持良好的润滑。

【血的教训】

某年7月6日，某建筑工程公司汽车队派出一部江陵牌汽车起重机和一部板车，在仓库运钢轨。吊装完毕后，马某在板车和起重机中间捆绑钢轨，汽车司机王某（徒工）先将起重机液压释放后收起支腿，在收前支腿时，起重机向后溜车，将马某头部挤在起重机和板车中间，送医院抢救无效死亡。

吸取教训，避免此类事故：

（1）汽车起重机司机王某，在未报告现场指挥，又没有查明现场的情况下，擅自收起起重机支腿，致使起重机溜车，是造成这起事故的直接原因。

《流动式起重机安全规程》规定：工作前应按说明书的要求平整停机场地，牢固可靠地打好支腿。工作后，应通知现场指挥，得到同意后撤收，在撤支腿时，还要通知周围相关人员。

（2）汽车起重机司机王某学习期不足3个月，未经培训考核取证，单独操作，根本就不知道起重机稳定的重要性，且在不熟悉各机构的技术性能的情况下违章操作，属无证上岗。

必须严格执行特种作业管理制度，流动式起重机司机应经过专门培训并取得操作证后方可单独操作。

（3）起重机司机张某（汽车队副队长，现场指挥），虽在

吊装钢轨前提出一些安全要求，但对起重机的停放位置、现场坡度没有考虑到，因作业接近完毕产生了麻痹思想，没有尽到现场指挥责任。帮装卸工捆绑钢轨，工作责任本末倒置，对这次事故应负主要责任。

现场指挥是此次作业的负责人，从安全职责上讲，起重机停在20° 坡度位置上，加上车身自重15 t，对于撤支腿后可能出现“后溜”的情况应当有一定的预见性，即使不出事，车辆向后“溜车”也是必然。

73. 流动式起重机吊臂有几种?有何特点?

流动式起重机吊臂有桁架式和箱形伸缩式两种。

起重机在行驶状态下有一个基本臂长，作业时又需要不同的工作臂长。桁架吊臂是靠人工接长的，箱形吊臂则是通过液压伸缩机构来实现。

（1）桁架式吊臂是焊接而成的，用料多为角钢、钢管或异型管材。吊臂分为臂根节、中间节、顶节三部分。中间节数量的增、减能够改变臂长。桁架臂质量轻，强度大，适用于轮胎起重机、履带起重机及铁路起重机。

（2）箱形吊臂又称伸缩吊臂，它由吊臂和伸缩机构组成。这种起重臂由多节箱形焊接板结构套装在一起而成，各节臂的横截面多为矩形、五边形或多边形，通过装在臂架内部的伸缩液压缸或由液压缸牵引的钢丝绳使吊臂伸缩，从而改变起重臂长度。

箱形伸缩式吊臂既可以克服流动式起重机运行时臂架长度较小的缺点，保证起重机有很好的机动性，又能缩短起重机从运行状态进入起重作业状态的准备时间。因此，汽车起重机、现代轮胎起重机和有些履带起重机均采用箱形伸缩式吊臂形式的臂架。按伸缩方式伸缩机构可分为：顺序伸缩、同步伸缩、独立伸缩和程序伸缩4种。

【相关链接】

起重机的伸臂越长或幅度越大，对稳定性越不利。特别是液压伸缩臂起重机，当吊臂全伸时，在某一定倾角（使用说明书中有规定）以下，即使不吊载荷，也有倾翻危险；当伸臂较长，并且吊有相应的载荷时，吊臂会产生一定的挠曲变形，使实际工作幅度增大，倾翻力矩也随之增大。

74. 流动式起重机回转机构有哪些安全技术要求？

（1）应装有制动装置，并保持作业操作中的安全可靠。

（2）应装有回转定位装置，并保持作业操作中的灵敏可靠。

（3）回转支撑螺栓不得松动，并且不得用普通螺栓代替专用螺栓。

（4）回转支撑应保持润滑良好。

（5）回转机构操纵时应符合各项技术要求。

【血的教训】

某年3月12日，某大型物资公司第二保修厂用仓库的履带起重机吊钢坯，装卸小队长李某等人随车装卸。当履带起重机起第一钩钢坯，准备由北向东转臂，李某退到起重机西侧。在起重机向东转臂时，李某又跟着起重机向东走。这时，工人曾某、伍某在钢坯垛上挂钢丝绳，准备吊第二钩钢坯。李某走至钢坯前，发现曹某、伍某挂的钢丝绳不对，便停下来，过去指导挂绳。此时，履带起重机的尾部已转到北面，将李某挤在钢坯上，经抢救无效死亡。

吸取教训，避免此类事故：

（1）履带起重机司机在转臂时没有发出示警信号，也没有告知相关人员。

起重机司机在回转作业前，应注意观察在车架上、转台尾部回转半径内是否有人或障碍物；吊臂的运动空间内是否有架空线路或其他障碍物。回转操作前，首先鸣喇叭提醒人们注意，然后解除回转机构的制动或锁定，平稳操作回转操纵杆。

（2）因履带起重机是属于仓库的，而装卸队属于保修厂，两者不是一个单位，吊运协调上配合不好。在没有指挥人员情况下，勉强作业。

仓库现场狭窄，管理混乱，两单位间只有业务合同，没有吊运操作安全约定和措施。履带起重机属于仓库，应由仓库派出指挥人员，具体负责现场安全。

（3）装卸小队长李某，虽工作多年，具备丰富的经验和应变能力，但由于思想麻痹，只顾指导挂绳，忽视了自身安全。

安全事故没有年龄、工龄的界限，无论是谁违反了安全规程，都会成为直接受害者。李某在几次跟着起重机行走时，已经置身于起重机起重臂以下。安全规程规定起重机作业时，禁止人员在起重机上或回转半径内通行或停留。

75. 流动式起重机多缸发动机的工作顺序是什么？

气缸工作顺序是指多缸发动机各气缸发生的同名行程的顺序。

单缸发动机存在着运转不均匀，不易启动的缺点。因为在发动机的行程中，只有膨胀行程对外做功，其他行程都是辅助功能，做功中会消耗大部分能量。

多缸发动机的各缸共用一根曲轴，在一定的时间范围内都进行着相同的循环，每个活塞都承受着做功压力并推动着曲轴旋转。各缸的做功行程合理地错开，间隔相同的转角按次序分别推动曲轴，就会使发动机转动均匀。

四缸发动机的常用工作顺序为1—3—4—2；六缸发动机的工作顺序为1—5—3—6—2—4。

【相关链接】

发动机的安全技术要求包括：

（1）发动机应有良好的启动性能和动力性能。

（2）怠速稳定、正常，各机构运动中不得发出异响。

（3）油压正常，冷却系统水温保持在90℃以下。

（4）发动机排气时不得冒黑烟，烟度和污染物排放量符合国家标准。

（5）应定期对发动机进行各种技术保养，保持良好的技术

状态。

【知识学习】

汽油发动机组成：曲柄连杆机构、配气机构、汽油供给系统、点火系统、冷却系统、润滑系统和启动系统。

柴油发动机组成：曲柄连杆机构、配气机构、柴油供给系统、冷却系统、润滑系统和启动系统。

76. 液压系统中液压油的作用是什么？有什么特点?

液压油在液压系统中是传递工作能量的介质，对液压元件起着润滑、密封、冷却的作用。其特性是：

（1）凝固点低。凝固点低，可使液压油在低温环境下有较好的流动性。

（2）黏度合适。作为选用液压油的重要指标，黏度合适能保证润滑，防止泄漏。质量越好的液压油，黏度随温度变化的程度越小，其黏温性越好。

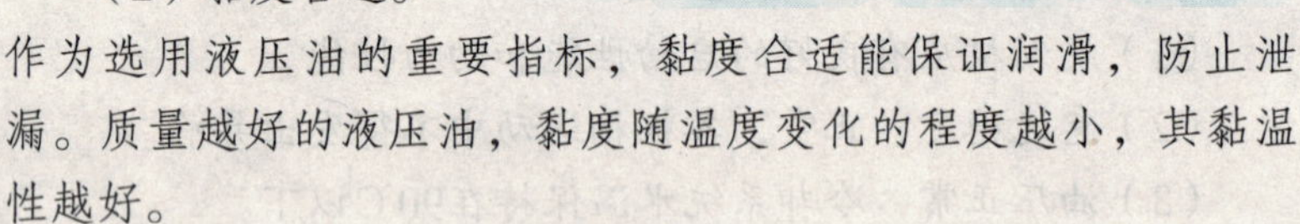

（3）抗乳化性。液压油应能防止乳化，使水分易于从油中分离出来。

（4）化学稳定性。液压油的稳定性好，不易变质分解。

（5）消除气泡。系统出现气泡时，油液内的气泡应能迅速消失，保证系统正常工作。

（6）相容性。液压轴与液压装置中的有机材料，如密封件等接触浸泡，应不使其受到溶解、腐蚀和损伤。

常用的液压油有20号、30号、40号，不可随意使用。

【知识学习】

液压马达（油马达）是执行元件，它将压力能转变为机械能，驱动起升、回转机构运转。起重机上常用的油马达有齿轮式马达和柱塞式马达两种。轴向柱塞油马达因其容积效率高、微动性能好，在起升机构中应用广泛。

油马达与油泵是构造基本相同的可逆元件，部分柱塞马达与柱塞泵完全相同。

77. 液压系统工作有哪些安全技术要求?

（1）液压系统必须安装压力表，且指示准确、工作可靠。

（2）液压系统必须安装防超载和防冲击的装置。采用溢流阀时，其压力不得大于系统工作压力的110%。

（3）应有并保持良好的过滤器或

有防止水、杂质、尘土等其他污染物混入系统的有效措施。

（4）液压系统中，应有防止被吊重物或臂架驱动使执行组件超速的措施。

（5）支腿油缸处于支撑状态，基本臂在最小幅度悬吊最大额定起重量的重物时，工作15 min后，变幅油缸和支腿油缸活塞杆的回缩量均不应大于6 mm。

（6）平衡阀必须直接或用钢管连接在变幅油缸、伸缩油缸和卷扬马达上，不得用软管连接。起重机在运行或作业过程中，应防止各连接油管被碰坏变形或连接件松动等意外损伤。

（7）各平衡阀的开启压力要符合说明书要求。

（8）使用蓄能器时，蓄能器充气压力与安装应符合规定。

（9）手动换向阀的操作与指示方向一致，操纵轻便，无冲击跳动。起升离合器操纵手柄应设有锁止机构，工作可靠。

【相关链接】

液压系统应按设计要求用油，工作时液压油油温应保持在40℃以下，油量满足工作需求。工作时油泵和液压马达无异常，系统工作正常，不得漏油。

78. 流动式起重机应该安装哪些安全装置?

按规定装设的安全装置应该齐备，性能可靠，信号灯和警示安全标志醒目、清晰；起重特性曲线或起重性能表牌应配备在司机室内，便于操作人员使用。

各类流动式起重机应安装的安全装置见下表。

表　　　　流动式起重机应安装的安全装置

安全防护装置	汽车起重机	轮胎起重机、履带起重机
（1）力矩限制器	起重量<16 t，宜装	应装
（2）上升极限位置限制器	起重量≥16 t，应装	应装
（3）幅度指示器	应装	应装
（4）水平仪	起重量≥16 t，应装	应装
（5）防止吊臂后倾装置	应装	应装
（6）支腿回锁锁定装置	应装	应装
（7）回转定位装置	应装	应装
（8）倒退报警装置	应装	应装
（9）暴露活动零部件防护罩	应装	应装
（10）电气设备的防雨罩	应装	应装

【相关链接】

流动式起重机的安全装置是保证起重机本质安全的关键设备部件，也是避免起重作业安全事故的重要工具。流动式起重机应按《起重机械定期检验规则》（TSGQ7015—2008）的规定要求设置安全装置。

79. 对轮胎起重机司机操作有哪些具体规定?

（1）轮胎气压应充足。在松软地面工作时，应在作业前将地面填平、夯实。机身必须固定平稳。

（2）轮胎起重机吊重后，如作短距离行走，应遵照使用说明书的规定执行。重物离地高度不能超过0.5 m，重物必须在行走的正前方，行驶要缓慢，地面应坚实平整，严禁吊重后作长距离行走。

（3）轮胎起重机不打支腿工作时，轮胎的气压应在0.7 MPa

左右。起重量应在规定不打支腿的额定重量范围内。

（4）当起重机的起重臂接近最大仰角吊重时，在卸重前应先将重物放在地上，并保持起重绳拉紧状态，把起重臂放低，然后再脱钩，以防止起重机卸载后向后倾翻。

【知识学习】

起重机吊运作业中，幅度变化、载荷变化、起吊方位、支腿使用、起重机的架设等都会影响起重作业的稳定性。

80. 对全液压汽车起重机司机操作有哪些具体的规定？

（1）发动机启动后将油泵与动力输出轴结合，在怠速下进行预热，液压油温达30℃才能进行起重作业。

（2）在支腿伸出放平后，即关闭支腿开关，如地面松软不平，应修整地面，垫放枕木，检查安全可靠后再进行起重作业。

（3）吊重物时，不得突然升降起重臂，严禁伸缩起重臂。当起重臂全伸，而使用副臂时，仰角不得小于50°。作业时，不得超过额定起重量的工作半径，亦不得斜拉起吊，并禁止在前面起吊。

（4）一般只允许空钩和吊重在额定起重量30%以内使用自由下落踏板。操作时应缓慢，不要突然踏下或放松。除自由下落外，不要把脚放在自由下落踏板上。

（5）蓄能器应保持规定压力，低于或大于规定压力范围不仅会使系统恶化，而且会引起严重事故。

【相关链接】

无论何种起重机械，操作时都要严格按说明书有关规定进行相应的操作。

81. 起重机作业前应做哪些准备工作？

（1）掌握作业现场环境，确定搬运路线，平整作业场地，清除周边障碍。作业现场要保证司索工和起重机司机能清楚地观察操作现场情况，如在夜间施工，应保证充足的照明条件。

（2）作业场地的地面应坚实，不得凹陷，松软地面应在支腿下垫上木板或枕木。支腿伸出垫好后，起重机应保持水平。

（3）对在用的起重机和吊装工具进行安全检查，安全装置、警报装置、制动器等必须灵敏可靠。

（4）起重机、臂架和配重的可能移动（回转）范围，吊物

坠落可能涉及的范围，都是危险区域。应加设围栏或警示标记。

（5）在高压线附近作业，应向电业管理部门了解情况，制定出可行的安全措施。

【相关链接】

作业前，务必确认力矩限制器的吊臂长度、伸臂长度等设定，如有异常，应重新设定。

82. 起重作业中有哪些安全操作要求?

（1）司机要控制起重的工作幅度和臂架仰角，起吊前调整好幅度，避免负载变幅，起吊重物时不准落臂。按起重机的特性曲线限定的起重量作业，遵守起重机安全操作规程。

（2）起重机负载回转要平稳，特别是在接近额定起重量时，防止快速回转的离心力或突然回转制动引起吊载物偏摆，增大工作幅度，造成倾翻事故。

（3）汽车起重机应尽量避免在前方作业。流动式起重机的稳定性是后方大于侧方，在从后方向侧方回转时，要注意控制转速，防止倾翻。

（4）注意支腿基础情况，防止垫块破坏或基础下沉而造成起重机倾翻。严禁带载荷调整支腿，如需调整支腿，应将重物落地后方可进行。

（5）了解当天的气象情况，对瞬时大风和风向给以关注。大幅度作业、回转或物品起升较高时，要注意风力和风向的影响。风力6级以上须停止作业。

（6）在高压输电线附近作业应安排专人监看，禁止越过电线吊拉，起重机任何部位与输电线的最小距离应不小于相关规定（见下表）。一旦触电要控制起重机及时脱开电线，司机应双脚跳离起重机，防止跨步电压电击。

【相关链接】

表　　　　起重机任何部位与输电线的最小距离

	电压（kV）				
输电线路电压（kV）	<1	1～15	20～40	60～110	220
沿垂直方向（m）	1.5	3	4	5	6
沿水平方向（m）	1	1.5	2	4	6

83. 锁紧回路在液压系统中起什么作用?有几种方式?

锁紧回路的作用是在执行元件不工作时，准确地停留在原来的位置上，不能因泄漏而改变位置。

锁紧回路分为两种方式：利用液控单向阀锁紧、利用专用平衡阀锁紧。

【血的教训】

某年3月，某电建公司一辆大型轮胎式起重机着火。据工作人员介绍，该起重机在此搁置已久。这天派人来开车，启动后没多久突然起火。司机及时跳出驾驶室，只是把脚戳伤，未发生人身事故，赶紧打电话通知消防队。但是因起重机火势太

大，虽然火被扑灭，可起重机已被烧毁。

吸取教训，避免此类事故：

（1）经查，该起重机因多处油管冻裂后漏油，据司机说：驾驶室玻璃损坏，枯枝叶很多，他只是把座位上的树叶清除掉，其他地方没清除。可见，油管漏油后，枯叶浸油成为易燃物，并因枯叶覆盖成多处燃烧点。启动起重机时，遇到静电放电，发动机有可能发生自燃。

（2）该单位设备管理不利，起重机闲置不用，停车时间较长，但无人过问是导致其自燃的主要原因。

起重机如长期处于停机状态，应当有专人定期维护。或经过一级保养后妥善封存，这样就不会发生此次事故，更不会造成经济损失。

（3）司机上车就启动，未作任何检查、清扫、除障工作，是起火原因之一。

对于长期搁置的起重机，司机发动车之前应当进行细致、全面的检查。

84. 什么是造成臂架式起重机“失稳破坏”和“臂架破坏”的原因?

造成倾翻的根本原因是作用在起重机上的力矩不平衡，倾覆力矩超过稳定力矩。

在作业中产生倾覆力矩的原因是多方面的，吊运超载、操作失误是比较明显的原因。还有工作速度不当引起的惯性力，车体支撑基础不牢固，臂架端的变形下弯等。其他原因如自然界的影响，包括风力过大等。

臂架是流动式起重机最主要的金属受力结构部分，在作业时，承受压力、弯力的联合作用，在强度、刚度和稳定性方面的失效都有可能引发臂架结构破坏。变幅机构故障还会导致臂架坠落，其后果的严重程度更甚于重物坠落。

【相关链接】

在改变前端配件的规格后，务必先实施力矩限制器的吊臂长度、伸臂长度等的设定和实际载荷的调零，然后再进行作业。

85. 液压系统中安装溢流阀的作用是什么?

溢流阀属控制元件，它是液压系统的安全保护装置，可限制系统的最高压力或使系统的压力保持恒定。

溢流阀安装在进油端时，限制上车起升、变幅、旋转、臂架伸缩回路的最大工作压力，并保护上车系统油路免于过载。溢流阀位于支腿油路的进油端时，应限制下车支腿油路的最大工作压力，以起到过载保护作用。

在对起重机进行安全检查时，对液压系统也应当重点检查：液压油箱有无连接松动和损坏，有无裂缝和漏油；滤油器有无堵塞，油量是否正常，液压油的污染度和黏度是否合格；液压泵有无连接松动和损坏，有无异常振动、噪声及过热，有

无漏油，吸油状态是否正常（有无空气吸入），输出压力是否正常，管接头有无松动及漏油；操纵阀和控制阀的功能是否正常，连接是否有松动，有无漏油；溢流阀的压力调定是否正确；管路连接是否有松动、渗油，管子的固定是否牢固、有无振动及相互摩擦，软管有无机械损伤、扭曲及老化（表面胶层龟裂）；管路中的滤油器是否堵塞；中心回转接头有无漏油、串油，电刷与滑环的接触是否良好。

【相关链接】

液压传动系统中的零部件都是比较精密的，因此对液压系统的使用要求也是非常严格的，忽视这一点往往会给液压系统带来故障。实践证明，液压系统75%“致病”的原因，均是液压系统的污染、过热和进入空气这3个基本根源造成的。

起重司索安全技术知识

86. 麻绳是怎样分类的？有什么特点？

麻绳按照制造材料分为：白棕绳、混合麻绳和线麻绳。

白棕绳耐摩擦、耐腐蚀、强度高，是起重作业中使用最多的索具。

混合麻绳强度高，但耐久性、耐腐蚀性较差。线麻绳弹性好、抗拉力大。二者都只应用于辅助作业。

麻绳按制作方法分为：机制麻绳和人工搓拧麻绳。机制麻绳搓拧均匀紧密，强度较大，为起重作业普遍采用。

麻绳按股数分为：三股、四股和九股。

【知识学习】

起重机作业中使用麻绳的安全技术要求是：

（1）开卷使用新麻绳时，一定要从卷内抽出绳头，以免打结。绳端断开处应扎紧、防止松散。

（2）麻绳一般用于捆绑物体、手动提拉较轻的物品以及负荷较小的桅杆缆风绳等。受力较大和机动起重机械中不得用麻绳。

（3）穿挂滑车时，滑轮直径要比麻绳直径大10倍以上。用木制滑车，绳槽半径应当是麻绳半径1.25倍以上。

（4）麻绳不得直接接触有尖锐棱边的捆绑物件，使用时要在接触部位垫好衬垫物。麻绳不得在地上或粗糙物件上拖拉，不得与化学物品接触。

（5）存放于干燥通风、不潮湿、无高温烘烤的地方。

87. 怎样正确使用吊索具？

（1）熟知使用的吊索具的性能、结构、报废标准及使用注意事项。

（2）合理、正确选用吊索具，必须与被吊物外形、尺寸相吻合，保持良好受力。

（3）使用前，应认真检查吊索具及其配件，有缺损、裂纹、磨损严重的不得使用。

（4）吊挂时应正确选择好吊点。起升前，应认真观察吊挂状况，不牢固不得吊运。专用吊索具必须专具专用，不得用于其他。

（5）吊索具及其配件不得超负荷使用。

（6）吊索具应当定期检查、测试，确保安全使用。

【血的教训】

某年3月8日，某钢厂转炉车间维护工赵某指挥天车，吊装一号转炉水箱，因没有使用专用吊具，吊起后，水箱摆动，将赵某挤在水箱与转炉走道栏杆中间，不幸身亡。

吸取教训，避免此类事故：

（1）吊具的基本概念。吊具是指起重机械中吊取重物的装置，专用吊具是为适合某一种吊物而量身定做的，不能用于其他。司索工在使用专用吊具时应特别注意到，不能有任何“凑合”的思想。

（2）吊点位置的移动，会造成“不稳不牢”。GB 6067—2010《起重机械安全规程》12.4.1规定：吊装工负责在起重机械的吊具上吊挂和卸下重物，并根据相应的载荷定位的工作计划选择适用的吊具和吊装设备。

水箱摆动，是因为吊点位置移动所致，也就是我们常说的“滑扣”，吊点不在重物重心上，一定会造成吊物的突然倾斜，水箱摆动幅度瞬间增大，司机很难控制。所以要在每次吊运时把吊点对正，不滑扣，确保挂稳挂牢。

（3）远离吊物的概念。要求地面指挥司索人员远离吊物。所谓远离是与吊物的体积有关的，从安全角度上来说，司机必须把吊物倾倒时的最大距离考虑到。等地面人员完全远离危险区域后，再点动起吊。而不是一看见指挥就立即给个满把，司机安全规程中强调“不得打满把”。

88. 起重作业中捆绑用钢丝绳的使用规则是什么？

钢丝绳使用必须严格执行钢丝绳报废标准。还应做到以下几点：

（1）钢丝绳开卷时要顺势缓解其扭力，防止扭结成环使钢丝绳受损。

（2）安装钢丝绳时，应使用专用滚筒小车缠绕新绳，不得拖拽钢丝绳行走。防止钢丝绳表面润滑油沾上杂物，影响其使用。

（3）起重时不得超负荷使用，力求平稳，减小冲击力。

（4）捆绑起吊重物时，对棱角处要采取隔垫措施，防止割断钢丝绳。

（5）使用钢丝绳要有针对高温物体、带电金属、有腐蚀作用的物质等的保护措施。

（6）使用滑车时，钢丝绳不穿绕已被损坏的滑轮。

（7）对钢丝绳的状况要实行跟踪式检查，发现问题不得使用。

（8）定期对钢丝绳润滑，可延长其使用寿命。每半年进行一次拉力试验，对钢丝绳承载能力作技术鉴定。

【血的教训】

某年4月20日，某桥梁厂桥梁车间在生产混凝土架时，天车司机田某配合挂钩工李某，用一根新钢丝绳吊运重680 kg的钢模型，准备把它靠在墙根的钢支架上。李某手扶模型随天车一起行走，另一名工人吴某也跟了过来。

此时，有工人张某正蹲在距钢支架3 m远处修理模型接口胶皮。天车到后，李某虽然看到张某在修模型，但在未提醒张某避让的情况下即指挥天车司机落钩。

田某落钩过猛，致使钢丝绳套脱钩，钢模型倒向张某，跟过来的吴某急忙呼叫张某躲开，但为时已晚，张某被砸在钢模型下面，同时吴某也未能躲开，被碰到左腿。

张某伤势严重抢救无效死亡，吴某左脚骨折。

吸取教训，避免此类事故：

（1）天车司机田某违反安全操作规程，落钩过猛是造成事故的直接原因。

（2）挂钩工李某不顾张某安全，发出错误的落钩指令，安全意识淡薄，不计后果，同时也促使了天车司机错误操作。

（3）天车司机田某听到错误指令，在见到模型附近有人的情况下，不鸣铃叫人躲开，属盲目操作。

（4）新换钢丝绳弹性较强，在回落吊钩时，要倍加注意，不能落得过猛过多，引起绳套张开极易脱钩。天车司机和地面人员操作时都应注意这一点。

（5）挂钩工李某扶模型随天车行走，形成跟踪式操作，违反了安全操作规程。

（6）吊钩应设有防止脱钩的保险装置。

89. 链条在使用中的安全技术要求有哪些？

（1）链条使用中不得超负荷或受过大的冲击力，防止链条变形、断裂。

（2）应定期检查链条链环，发现裂纹或脱焊现象应立即停止使用。

（3）根据链条磨损状况，经专业人员计算后可降级使用，

不能降级使用就应立即更换。链条发生塑性变形，伸长量达原长度5%，或链环直径磨损达直径的10%时，该链条应当报废。

（4）链条使用后不要随意抛掷或在地面上拖拽，以免降低使用寿命或承载力。避免链条与腐蚀性物质接触，不使用时，应清除污垢后涂抹防锈油，放在干燥通风处。

【相关链接】

起重链条应垂直悬挂，不得有错扭的链环，双行链的下吊钩架不得翻转。

90. 焊接链有哪几种类型？在哪些场合使用？

焊接链根据链环各部尺寸大小，可分为：

长环链：链环长度＞5 d，宽度＞3.5 d，d为链环圆钢直径；短环链：链环长度＜5 d，宽度＜3.5 d。

当链条绕上卷筒后，因链环越短受到的弯矩也越小，有利于提高强度。起重作业使用的都是短环链。

短环链按制造精度又分为：精制链与粗制链。

精制链尺寸精度高，可与链轮啮合工作。而粗制链尺寸偏差较大，一般用于光滑卷筒上或捆扎物件。

【相关链接】

链条的主要优点是：挠性好，强度高，破断拉力大，使用中磨损小，与链轮啮合可靠，可使链轮尺寸缩小，减小了传动机构的占地空间。

缺点是：自重大，链环磨损后传动不平稳，抗冲击力低，在冲击力作用下，有可能突然断裂，安全可靠性不如钢丝绳。

链条主要用于起重机械传动件，一般适用于速度较低的起重机械。在起重作业中制作一些吊具或捆绑物件用。

91. 卸扣有哪些安全技术要求？

（1）钢丝绳作用点应在卸扣弯曲部分，使卸扣的本体和销轴同时受力，从而使结构的受力方向呈上下状。

（2）使用螺旋式卸扣连接完毕后，一定要在拧紧后退回半扣，以减少横销的预应力。使用插销式卸扣连接完毕后，一定要把开口销插牢，防止受力后脱落。

（3）使用中尽量减少卸扣的碰撞，螺旋部位要涂油防锈，螺旋出现移扣、捋扣不得使用。

【知识学习】

按照横销的固定方式不同，卸扣分为插销式和螺旋式两种。

92. 平衡梁有哪些形式？作用于哪些场合？

（1）钢板平衡梁：结构简单、制作方便，适用于多种场合下的应急制作，吊运中、小型零部件等。

（2）管式平衡梁：用来吊装排管、各种钢结构的构件。

（3）桁架式平衡梁：适用于吊点之间距离较大，需增加其

刚性，减少起吊高度的场合，如抬吊设备，起吊屋架、细长管类构件等。

（4）槽钢型平衡梁：用在大型物件的吊装上。

（5）特殊结构的吊具：根据吊物的质量、外形、尺寸大小、工作条件及结构的特殊要求等设计的专用吊具。

（6）用槽钢、钢板焊接成箱型固定式平衡梁：一些冶金作业中的大型物件的吊运。

【知识学习】

平衡梁在起重作业中的作用是：

（1）使用平衡梁可减少因绳索水平压力而产生的吊物变形。

（2）可保证设备表面不被绳索擦伤或损坏。

（3）缩短绳索长度，增加起重机的有效提升高度，扩大吊装范围。

（4）直接吊挂，避免捆绑，缩短吊运时间。专用吊具可一次性提升多个同一规格的物件，提高生产效率。

93. 环链手拉葫芦的安全使用有哪些要求?

（1）使用前必须检查链条（特别是起重链条）、吊钩及制动器有无变形和损坏，不得有滑链、掉链现象，传动部分应保持灵敏可靠。

（2）起吊时要保持链条悬挂垂直，链环不能错扭重叠。不得超负荷，吊钩不能斜拉，悬挂点应坚实可靠、受力均匀。

（3）操作时人员应站在手拉链条一侧，拽动链条应尽量保持垂直，避免歪拉时卡住链条或扭动葫芦体。先缓慢起升重物，链条持重后再次检查有无异常，棘轮、棘爪自锁是否可靠，确认无误后方可正式吊装。

（4）起吊过程中，拽动链条要均匀用力，不得用力过猛。依据起重量确定拉链人数，2 t以下1人拉动，2 t以上为2人，不得随意增减人数。

（5）已吊起的重物需要悬空时间较长时，要将手拉链拴在起重链上，防止自锁失灵。

（6）手拉葫芦使用完毕后应擦拭干净，定期保养，妥善封存。

【知识学习】

环链手拉葫芦在构造上有齿轮传动和蜗杆传动两种。

齿轮传动手拉葫芦有行星齿轮传动和直齿轮传动两种。行星齿轮传动加工复杂、维修困难，一般使用较少。而直齿轮传动葫芦结构简单、拉力小，工作可靠，维修、使用方便。最常用的HS型手拉葫芦，其规格有0.5～50 t等多种规格。

蜗杆传动手拉葫芦体积大，效率低，零件易磨损，现已趋于淘汰。

94. 使用电动葫芦式起重机有哪些安全技术要求?

（1）操作者必须持证上岗，熟悉安全操作规程。

（2）操作前，逐项检查起重机各部位。操作中严格执行起重作业的“十不吊”。

（3）不得将负载长时间停在空中，以避免起重机部件发生永久性变形。

（4）当重物发生溜车时，可适当点动手电源“上升”按钮，使重物上升，寻找可靠地点，然后再按“下降”按钮，且不要松开，防止重物出现急速下滑，重物平稳降至地面后再检查处理故障。

（5）作业完毕后应将吊钩上升到离地面2 m以上的高度，并切断电源。

（6）定期维护和保养起重机。

【血的教训】

某年某月某日，某铁矿选矿车间调度组组长朱某前往该车间尾矿泵房内南侧，协助维修二班为钢卷固定架刷油漆（固定架长边长度为3.9 m，短边长度为1.09 m，质量为957 kg）。当时共有8个固定架在厂房内南侧，由东向西依次排列直立放置。朱某在没与他人联系的情况下，自行蹲在第五、六架子之间的空隙中，给第六个架子刷漆。

临时负责此项工作的钳工王某在磨机工周某的协助下，用电葫芦将东侧的第一个架子吊开。周某用一根钢丝绳拴在第一个架子中间的筋板北侧，王某开动电葫芦起吊。

由于吊物中心偏斜，在起吊过程中撞到了第二个架子，造成依次排列的架子相继倾倒（如同多米诺骨牌），倾倒的第五个架子砸在朱某的头部，造成脑挫裂，抢救无效死亡。

吸取教训，避免此类事故：

（1）“斜拉歪拽”是安全规程中明令禁止的。司机在操作中必须将吊钩对正吊物的重心，在大、小车都确认对正后，方可慢速起车，应使吊钩、吊点与被吊物重心在同一铅垂线上，这是所有操作中的第一要素。

（2）“斜拉歪拽”过程中，当吊物脱离地面或连接物的一瞬间，会产生极大的“摆劲”，“斜拉歪拽”的角度越大，摆起来的幅度越大，此时吊物极易出现失控。

（3）因“斜拉歪拽”吊物失控，而产生了对周围物体的撞击，这样的连锁反应是司机操作中必须注意的。操作时，应将“三稳”（稳起、稳运行、稳落）贯穿始终。

（4）坚持“十不吊”和“两不撞”（起重设备不能与其他设备或建筑物相撞；不准用吊物撞击其他物件）。

（5）启动前必须仔细观察现场环境。

（6）钢卷固定架码放不能过密，两架子的安全距离应当大于架子倒放后的长度。

95. 使用电动卷扬机有哪些安全注意事项?

（1）卷扬机操作人员必须持证上岗，熟悉卷扬机的性能，服从指挥司索人员的统一指挥。

（2）开车前应检查卷扬机各部件是否完好，制动装置是否灵敏可靠。有设备缺陷时，卷扬机不得使用。

（3）送电前，控制器必须放在零位。起吊重物时应先试

吊，注意检查牵引绳的绳扣及设备捆绑是否牢靠。启动时平稳缓慢，严禁突然启动。

（4）卷扬机使用的钢丝绳必须与卷筒固定牢靠，卷筒最小允许直径为钢丝绳直径的15~20倍。当钢丝绳放长到最大限度时，卷筒上的钢丝绳至少要保留3圈作为安全圈。

（5）卷扬机停车时，控制器要放回零位，切断电源，并刹紧制动。

【知识学习】

吊装过程中可以用电流表测量电动机电流的方法，来监测卷扬机牵引力是否超载。

从设计上电动机的功率与卷扬机最大载荷有着直接关系。在空载运行时，电动机流过的电流相对要小些。随着负载增加，电流也必然随之增大，当电动机负载达到额定值时，电流也达到额定电流。若电流超过额定值，则说明电机超载，相应之下卷扬机也就处在超负荷状态。

96. 什么是桅杆式起重机的稳定系统?都有哪些安全要求?

桅杆式起重机的稳定系统是通过锚桩和缆风绳将桅杆固定在一定的位置上，用于防止桅杆倾倒。

桅杆的稳定系统有以下要求：

（1）稳定固定桅杆，缆风绳多采用4~6根。在特殊情况下也可以使用3根，但需互成120°。拉开张紧时，多用几根缆风绳稳定性更好。

（2）因桅杆是垂直竖立或略倾斜的，缆风绳与地面夹角不得大于45°，一般取30°，特殊情况下最多可增大到60°。夹

角过大会使得桅杆、缆风绳和地锚的受力增大，降低桅杆的起重量，影响其稳定性。

（3）桅杆的倾斜角一般不得大于15°，倾斜角过大，缆风绳拉力增大，桅杆中部危险截面弯矩力增大，桅杆容易出现移位。

【知识学习】

桅杆式起重机按结构形式可分为：独脚桅杆起重机、人字桅杆起重机、回转桁架式桅杆起重机三类。

按制作材料可分为：圆木桅杆起重机、钢管式桅杆起重机、格构式桅杆起重机三类。

97. 放倒金属桅杆的程序及安全注意事项是什么?

双桅杆放倒时，第一根桅杆是用第二根桅杆放倒的。在第一根桅杆的2/3高度处固定着动滑车组，为防止滑动，在桅杆底部应加固封绳。放倒第一根桅杆时，要避开两根桅杆的缆风绳，防止它们交叉缠绕，这样会磨损或卡住钢丝绳。

可以利用竖立的辅助桅杆放倒第二根桅杆，但应尽量利用已经吊装好的设备和钢结构等，并在设备和结构顶部加设2～3

根缆风绳，不使地脚螺栓受力，以保证其稳定性。

为减小设备的倾倒力矩，滑车组与设备要保持较小的夹角。桅杆放倒后放置在不妨碍工作的地方，防止和已装好的设备碰撞和剐蹭。

【知识学习】

桅杆式起重机的起重系统是由桅杆、滑车和卷扬机组成的。在桅杆顶部装有滑车组，用专用悬梁连接，确保滑车不下滑，并与桅杆保持一定距离，避免重物与桅杆相撞。起重绳索端头通过固定在桅杆底部的导向滑车连接到卷扬机。

98. 使用滚杠搬运重物时有哪些安全注意事项?

（1）滚运的路面要平整，对凹凸不平的沟、坎应予平整。对于拖地电缆线等，必须采取有效的保护措施。

（2）根据重物的质量来选择滚杠的数量和间隔。滚杠要粗细基本一致，长度应比下走板两侧长出0.3～0.4 m。每根滚杠长短基本一致。

（3）重物的重心应接近下走板中心。为避免拖运高大物件时摇晃或倾倒，牵引绳位置应尽量在物件偏下位置，不要拴得太高，可适当增加几根牵引绳来增大物件的稳定性。

（4）摆放滚杠的操作人员应在危险区域以外的一侧，不准戴手套工作。为防止压伤手指，放置滚杠时应将4个手指放在滚杠的管口内，大拇指放在管口外。

（5）摆放较小物件时，可以用人力驱动绞盘。当摆放重大物件时，应用电动卷扬机和滑车配合使用，但必须设专人统一指挥、专人放置滚杠。

（6）上、下坡时，与坡度相向的拖拉牵绳要绷紧。搬运设备时，由牵引绳造成的伸延区域，严禁有人通过。

【血的教训】

某年某月某日，某钢铁公司修建公司电工副班长黄某带领7位职工更换烟罩，将烟罩放在滚杠上向前推进。当滚杠遇到一根拖地电缆线时将电缆线外绝缘碾破，导致钢管滚杠带电380 V，黄某触电，抢救无效身亡。

吸取教训，避免此类事故：

（1）使用滚杠推动物件应当对滚动路线上进行清障，本身就包括电缆线的埋设或架设。身为电工副班长的黄某本应当知道380 V电压对人体的危害。

（2）安全规程规定：电缆线易受损伤的线段应采取保护措施。显然，黄某等违反了这一规定。实际上保护措施并不复杂，用两块木脚板将拖地缆线夹住就可以了。

99. 吊运、安装设备时有哪些安全注意事项？

（1）吊运、安装作业前应制定合理的施工方案，并严格按施工方案作业。

（2）参与者分工明确，密切配合，遵守安全操作规程。

（3）应事先对设备经过的道路和场地进行勘测，做好清障整地工作。

（4）必须设立统一指挥，指挥人员应具有起重司索操作证，以保证安全作业。

（5）为确保安全，搬运中遇有上、下坡时，应设置拖拉牵绳。

（6）需攀登到吊物上拴挂时，应注意攀登高度（2 m以上则属高处作业）、脚踏位置及吊物的平稳状态等。

（7）如需利用现有构筑物系结绳索时，必须经过核算，确认安全可靠方可使用。

（8）安装过程要依照作业方案和设备的使用说明书的要求执行。

【血的教训】

某年5月18日，某公司二工区二队在从事安装天车作业，钳工何某与刘某二人装天车吊钩上的钢丝绳卡子。

电工孟某操作天车由北向南开行时，将何某挤在天车端梁与混凝土柱子之间，此间距离狭窄仅有10 cm左右，将其内脏挤伤，抢救无效死亡。

吸取教训，避免此类事故：

（1）钳工何某、刘某二人工作前与司机缺乏必要的联系。

孟某观察现场环境不细，对天车性能不如专职司机熟悉，是酿成此事故的重要原因。

（2）何某安全意识淡薄，站位属危险区域，站在天车端梁的栏杆外侧下部的边板上，天车端梁与混凝土柱子之间仅有10 cm左右，距未放盖板的空当（1.2 m^2）也很近。

（3）工作区域不能过于窄小，尽量不影响其他工作。如果能将起重机移至较宽敞地方，则可避免此事故。如因环境限制没有较大空间，则应采取必要的防范措施。

（4）起重机在任何情况下，与周围建筑物或固定设备都应保持一定的间隙，凡有可能通行的间隙不得小于400 mm。行走通道的栏杆与天车端梁间的最大距离不得大于80 mm。

（5）天车司机必须持证上岗。

100. 如何制定起重吊装施工方案?

编制起重吊装方案的依据有：

（1）工程施工图纸及有关工程竣工图纸。

（2）施工工期的计划安排。

（3）有关起重施工会议讨论的决议。

（4）施工现场有关地质资料。

（5）上级机关及本单位颁布的有关规定。

（6）单位领导的指示，以及合理化建

议和新技术。

施工方案确定：

（1）根据工程内容、工期要求、工艺配合以及现场和机索具条件等综合因素，初步选出几个可行方案。

（2）将上述方案加以系统整理比较，经过有关人员的研究讨论，选择施工方案并召集各单位有关人员讨论并报请领导批准后定案，同时做好会议记录，作为施工依据。

【相关链接】

在建筑安装工程施工中，起重吊装施工作业是一项技术性强、危险性大、需多工种互相配合、互相协调、精心组织、统一指挥的特种作业。为了科学地组织施工，优质高效地完成吊装任务，应该编制起重吊装施工方案，保证起重吊装安全施工。编制吊装方案是为了规避起重吊装作业中各种安全风险因素，解决作业环境复杂、技术难度大等问题，克服施工作业中方法和程序上的困难，全面指导吊装作业人员安全施工。方案是从事起重吊装作业人员施工作业中必须遵循的准则。